LEÇONS
D'ARITHMÉTIQUE
ET DE
GÉOMÉTRIE

A L'USAGE DU

COURS ÉLÉMENTAIRE DE L'ENSEIGNEMENT PRIMAIRE

Rédigées d'après la Méthode TABAREAU, conformément
aux programmes officiels,

PAR MM.

T. LANG

Ancien Élève de l'École Polytechnique,
Directeur de l'École la Martinière de Lyon, et de la Société d'Enseignement
professionnel du Rhône.
Chevalier de la Légion d'honneur, Officier de l'Instruction publique,

ET

F. BRUEL

Professeur de Mathématiques dans ces deux Institutions,
Officier d'Académie

PARIS
LIBRAIRIE CH. DELAGRAVE
15, RUE SOUFFLOT, 15

Leçons d'Arithmétique et de Géométrie, par T. LANG et F. BRUEL.
Cours supérieur.
— *Livre de l'élève*, in-12, cart.................................. **1.80**
— *Livre du maître*, in-12, cart.................................. **2.50**

LEÇONS
D'ARITHMÉTIQUE
ET DE
GÉOMÉTRIE

Imprimeries réunies, **B**, rue Mignon, 2.

LEÇONS
D'ARITHMÉTIQUE
ET DE
GÉOMÉTRIE

A L'USAGE DU

COURS ÉLÉMENTAIRE DE L'ENSEIGNEMENT PRIMAIRE

Rédigées d'après la Méthode TABAREAU, conformément
aux programmes officiels

PAR MM.

T. LANG

Ancien Élève de l'École polytechnique,
Directeur de l'École la Martinière, de Lyon, et de la Société d'enseignement
professionnel du Rhône,
Chevalier de la Légion d'honneur, Officier de l'Instruction publique

ET

F. BRUEL

Professeur de Mathématiques dans ces deux Institutions,
Officier d'Académie

PARIS

LIBRAIRIE CH. DELAGRAVE

15, RUE SOUFFLOT, 15

1888

A LA MÉMOIRE

DE

CHARLES-HENRI TABAREAU

ANCIEN ÉLÈVE DE L'ÉCOLE POLYTECHNIQUE
DOYEN DE LA FACULTÉ DES SCIENCES DE LYON
ORGANISATEUR DE LA MARTINIÈRE
CRÉATEUR DE LA MÉTHODE TABAREAU

INTRODUCTION

Cet ouvrage, destiné au cours élémentaire des écoles primaires, fait suite, chronologiquement du moins, au cours supérieur et au cours moyen publiés précédemment. Il est rédigé, comme ceux-ci, d'après la *méthode Tabareau*, en usage depuis plus d'un demi-siècle à l'école *la Martinière*, de Lyon, et qui a donné dans cette école de si remarquables résultats. Il fait partie, par conséquent, du plan d'ensemble que nous avons conçu dans le but de faire pénétrer dans l'enseignement primaire une méthode que nous croyons appelée à y produire une véritable et fructueuse révolution.

Nous ne jugeons pas utile de revenir ici sur les avantages ni sur le mode d'emploi de la méthode Tabareau. Nous n'avons qu'à prier les instituteurs de se reporter à l'introduction du livre du maître du cours supérieur. Ils y trouveront résumées toutes les explications dont ils peuvent avoir besoin pour se rendre compte des bénéfices de cette méthode et pour la mettre en œuvre.

Il semble qu'il eût été plus logique de commencer la publication de nos trois ouvrages d'arithmétique par le cours élémentaire, pour aborder ensuite le cours moyen, puis le

INTRODUCTION

cours supérieur. Nous avons cru devoir suivre l'ordre inverse, parce qu'avec la longue expérience que nous possédons de l'emploi de la méthode Tabareau à *la Martinière*, nous étions plus certains d'arriver de proche en proche à une adaptation aussi exacte que nous le désirons de cette admirable méthode aux différents degrés de l'enseignement primaire. Nous espérons y être parvenus, grâce surtout aux excellents conseils et, on peut le dire, à la collaboration active que nous avons trouvée chez un certain nombre d'instituteurs de Lyon choisis parmi les meilleurs.

L'emploi de la planchette, qui constitue une partie importante de la méthode Tabareau, donnera, nous en sommes convaincus, des résultats encore plus saillants dans le cours élémentaire que dans les classes plus élevées, puisque, ainsi que nous l'avons expliqué dans l'introduction rappelée plus haut, ces résultats sont d'autant plus remarquables qu'on a affaire à des élèves plus jeunes. Seulement, nous conseillons aux maîtres d'employer pour ce cours des planchettes plus petites. Celles de la Martinière, qui conviennent parfaitement au cours supérieur et même au cours moyen, ont $0^m,44$ sur $0^m,31$. Il suffira pour le cours élémentaire de planchettes ayant, par exemple, $0^m,31$ sur $0^m,24$. Cette diminution des dimensions des planchettes est nécessaire pour éviter chez des enfants jeunes la fatigue de leur maniement.

Ceux des maîtres qui connaissent déjà la méthode Tabareau remarqueront que dans ce cours élémentaire nous avons complètement supprimé l'usage des petites ardoises, dites *de réponse*, qui sont utiles dans le cours moyen et plus encore dans le cours supérieur. C'est que l'emploi de ces ardoises n'est réellement fructueux que dans les calculs un peu longs et que l'enseignement d'une classe élémentaire ne comporte pas de calculs de cette nature.

En revanche, il nous semble qu'il doit être fait au cours élémentaire un emploi presque continu de la planchette. C'est ainsi que le maître arrivera à obtenir des élèves, sans fatigue pour eux, une attention constamment soutenue. Et l'on sait combien cette attention est difficile à imposer à des

INTRODUCTION

écoliers de sept à huit ans. C'est ainsi, par suite, que les enfants feront, presque en se jouant, des progrès incomparablement supérieurs à ceux qu'ils réalisent par les méthodes ordinaires. La leçon orale est extrêmement courte et elle est immédiatement suivie d'une grande quantité d'exercices à faire à la planchette.

Non seulement ces exercices sont combinés de manière à présenter toutes les variétés possibles d'applications des règles exposées, mais certains d'entre eux ont pour but de conduire les élèves à deviner eux-mêmes sans effort beaucoup de règles dont l'énoncé par le professeur ne leur présenterait qu'une formule aride. Et aucun maître n'ignore combien est plus productive pour le développement de l'intelligence de l'élève la compréhension personnelle, la divination, pour ainsi dire, d'une déduction scientifique, que l'audition de cette même déduction de la bouche du professeur. C'est de cette manière, par exemple, que nous procédons pour amener l'élève à comprendre pourquoi les mesures de surface sont de cent en cent fois plus grandes, et non de dix en dix fois, comme les mesures précédemment étudiées.

Nous attachons, avec tous les maîtres, une très grande importance au calcul mental. C'est pour cela que nous avons donné dans cet ouvrage un grand développement aux exercices de ce genre. Et nous conseillons d'employer aussi la planchette pour le calcul mental toutes les fois que l'exercice le comportera, ce qui a lieu dans la plupart des cas. La planchette est un moyen de réponse très commode et surtout elle réalise cet immense avantage que tous les élèves travaillent à la fois au lieu de travailler isolément. On voit le bénéfice de temps et de progrès qui en résulte.

Dans la rédaction de cet ouvrage, nous nous sommes conformés au programme officiel avec la plus scrupuleuse exactitude. De ce qu'il est un peu plus volumineux que la plupart de ceux ayant la même destination, il ne faudrait pas en conclure que nous ayons dépassé les limites qu'il ne serait pas raisonnable de franchir dans un petit livre qui s'adresse à des enfants très jeunes. Il est plus volumineux parce qu'il contient

INTRODUCTION

plus d'exercices et parce que nous avons cherché à le rendre plus complet en multipliant les explications quand nous le jugions nécessaire. Mais il n'est pas pour cela moins élémentaire, au contraire. Car, supprimer les développements en se bornant à des définitions sèches et souvent incomplètes, ce n'est pas, tant s'en faut, le moyen de supprimer les difficultés.

Ici, de même qu'au cours moyen, nous avons traité simultanément la numération parlée et la numération écrite au lieu de les séparer, comme les auteurs l'ont fait jusqu'ici. Nous croyons que les maîtres trouveront de sérieux avantages à cette manière de procéder, ainsi que nous l'avons expliqué dans la préface du cours moyen.

Nous disions plus haut que dans une classe élémentaire la leçon orale doit être très courte et qu'il faut consacrer aux exercices la plus grande partie du temps. Nous sommes d'accord aussi sur ce point avec tous les maîtres. C'est précisément pour cela que la méthode Tabareau, par les facilités qu'elle donne pour l'exécution et pour la correction des exercices, par l'entrain et l'émulation qu'elle développe chez les élèves, rendra dans ce cours d'immenses services. C'est pour cela aussi que tout en ayant fait en sorte de rendre les définitions et les explications extrêmement claires, nous avons porté surtout nos efforts sur cette partie si capitale des exercices et des problèmes.

Cet ouvrage contient près de 4000 exercices préparés avec le plus grand soin, soit de manière à diminuer les difficultés en les présentant séparément dans leur ordre logique de progression, soit, dans le cas d'une division par exemple, de manière à fournir des résultats entiers ou avec les décimales qu'on veut obtenir.

Les exercices de planchettes qui accompagnent chaque leçon sont suivis d'un certain nombre de problèmes portant sur des données plus concrètes. Ces problèmes peuvent être faits aussi sur la planchette ou bien être donnés comme devoirs. Ils sont de deux ordres de difficulté calculés de manière à répondre aux besoins des deux années du cours.

Chaque leçon contient plus d'exercices qu'on n'en peut faire en réalité. C'est à dessein que nous l'avons fait et dans un double but : en préparer, comme nous venons de le dire, pour les élèves des deux années et en réserver pour la revision, qui ne saurait, à notre avis, dans un cours élémentaire, être faite plus fructueusement que de cette manière.

Nous appelons donc surtout l'attention des maîtres sur le soin particulier avec lequel a été traité le choix des exercices.

Nous n'avons pas la prétention d'avoir fait un ouvrage supérieur aux autres. Mais nous avons la certitude d'y avoir mis toute la conscience possible, la conviction d'appliquer une méthode dont les résultats ne pourront être contestés par aucun des professeurs qui la mettront en œuvre, et la satisfaction d'avoir mis à profit les conseils et l'expérience d'un grand nombre de maîtres d'une compétence indiscutable.

Nous faisons du reste appel, en terminant, à la critique de tous ceux qui voudront bien nous lire, ne demandant qu'à corriger les défauts qui ne manqueront pas de nous être signalés.

LEÇONS D'ARITHMÉTIQUE
ET DE GÉOMÉTRIE

PREMIÈRE LEÇON

On appelle *nombre* la réunion de plusieurs objets semblables : *trois* livres, *sept* pommes.

Un de ces objets s'appelle *unité*.

Pour écrire *tous* les nombres, on se sert de dix chiffres, qu'on appelle *un, deux, trois, quatre, cinq, six, sept, huit, neuf, zéro*, et qui s'écrivent :

$$1, 2, 3, 4, 5, 6, 7, 8, 9, 0$$

Exercices (1).

(1) Compter de 1 à 10, en se servant d'objets connus, et compter à rebours de 10 à 1.

(2) Tracer une dizaine de ronds ; les compter en partant de *un*.

(3) Tracer une dizaine de barres ; les compter deux à la fois.

(4) Nommer les nombres de 1 à 10 en leur faisant représenter des unités différentes. Exemple : 1 pomme, 2 billes, etc.

(5) Des dix premiers nombres, retrancher successivement 1 unité. Exemple : $10 - 1 = 9$; $9 - 1 = 8$, etc.

(6) Dans *trois francs, cinq doigts*, quel est le *nombre* ?

---

(1) Tous ces exercices, à l'exception du premier, seront faits sur les planchettes.

(7) Quelle est *l'unité* ?

(8) Paul gagne 3 bons points, Louis en gagne 5 ; combien en tout ?

(9) Jules a 4 bonbons, Charles en a 5 ; combien en ont-ils en tout ? quel est celui qui en a le plus ?

(10) J'ai acheté 3 paquets de bois à 2 sous le paquet. Combien ai-je dépensé ?

(11) Joseph a 5 soldats de plus que Paul, qui en a 2. Combien Joseph en a-t-il ?

(12) Un cultivateur avait 6 chevaux et il en a acheté 3 autres. Combien en a-t-il maintenant ?

CALCUL MENTAL

(1) Combien y a-t-il de chiffres entre 1 et 8 ?

(2) Quels sont les jours de la semaine ?

(3) Combien de *centimes* dans *un sou*, dans *deux*, etc.?

(4) Quel est le nombre qu'il faut ajouter à 4 pour avoir 9 ?

(5) Quel est le nombre qu'il faut sortir de 9 pour avoir 4 ?

(6) Que reste-t-il de 8 figues quand vous en avez mangé une ? deux ? trois ?

(7) Combien y a-t-il d'unités dans 7, dans 3, dans 9 ?

(8) Louis a 7 billes dans la main droite et 3 dans la main gauche ; combien en a-t-il dans les 2 mains ?

DEUXIÈME LEÇON

Pour *compter*, on part de *l'unité*, que l'on ajoute à elle-même pour former un nouveau nombre. A ce nouveau nombre, on ajoute encore l'unité, ce qui en donne un autre, et ainsi de suite.

Un et 1 font 2, *deux* et 1 font 3, *trois* et 1 font, 4

quatre et 1 font cinq, *cinq* et 1 font 6, *six* et 1 font 7, *sept* et 1 font 8, *huit* et 1 font 9, *neuf* et 1 font 10.

EXERCICES A FAIRE SUR LES PLANCHETTES

(1) Écrire les dix premiers nombres.

(2) Écrire les 4 nombres qui suivent respectivement les nombres 2, 3, 4 et 5.

(3) Écrire les 4 nombres qui précèdent 5.

(4) Compter de deux en deux jusqu'à 10 : 2 et 2 font 4, 4 et 2 font 6, etc.

(5) Dire combien les mots suivants contiennent de lettres : *nid, plume, classe, crayon*.

(6) Quel chiffre emploie-t-on pour écrire *sept* unités ?

(7) — — *neuf* unités ?

(8) On a 3 pêches pour un sou. Combien en aurait-on pour 3 sous ?

(9) Il y a 12 mois dans l'année; le mois d'avril est le quatrième; combien y en a-t-il encore après lui ?

(10) Un arbre a 11 branches; on en coupe 4; combien en reste-t-il ?

(11) Dix élèves ont récité leur leçon ; 7 l'ont sue ; combien ne l'ont pas sue ?

(12) Une ménagère a acheté 2 douzaines d'œufs ; elle en emploie 8 pour faire une omelette et 6 pour mettre sur le plat. Combien lui en reste-t-il?

CALCUL MENTAL

(1) Combien y a-t-il d'unités dans huit ?

(2) Combien y a-t-il de mois dans l'année? de semaines? de jours ?

(3) Quels nombres forme-t-on avec cinq quilles et deux quilles ? trois gâteaux et cinq gâteaux ?

(4) Compter et écrire en chiffres ces nombres de traits : III, IIIII, IIIIIIII, etc.

(5) Représenter par des traits les nombres 4, 7, 8, 5, etc.

(6) Quel nombre vient après 5, 7, 9 ?
(7) Quel nombre vient avant 8, 6, 4 ?

TROISIÈME LEÇON

En ajoutant l'unité à *neuf*, 9, qui est le dernier nombre *d'un seul chiffre*, on forme un nouveau nombre, qu'on appelle *dix*, et qui s'écrit 10. Le nombre *dix* s'appelle aussi une *dizaine*.

On compte par *dizaines*, comme on compte par *unités*. On dit : *une dizaine, deux dizaines, trois dizaines*, etc., comme on a dit : *une unité, deux unités, trois unités*, etc.

On a ainsi les nombres :

une dizaine, qui s'énonce	*dix,*
deux dizaines —	*vingt,*
trois dizaines —	*trente,*
quatre dizaines —	*quarante,*
cinq dizaines —	*cinquante,*
six dizaines —	*soixante,*
sept dizaines —	*septante* ou *soixante-dix,*
huit dizaines —	*octante* ou *quatre-vingts,*
neuf dizaines —	*nonante* ou *quatre vingt-dix.*

EXERCICES A FAIRE SUR LES PLANCHETTES

(1) Écrire le nom donné à *deux dizaines.*
(2) — *cinq dizaines.*
(3) — *huit dizaines.*
(4) Combien faut-il de dizaines de pommes pour faire trente pommes ?
(5) Deux dizaines de plumes et cinq dizaines de plumes, combien cela fait-il de dizaines de plumes ?
(6) Comment s'appelle ce nombre de dizaines ?
(7) Combien a-t-on de dizaines en ôtant deux dizaines de neuf dizaines ?

(8) Représenter par des traits les nombres 7 et 10.
(9) Combien la dizaine est-elle de fois plus grande que l'unité ?
(10) André avait gagné 36 bons points ; il en a perdu 6. Combien lui en reste-t-il de dizaines ?
(11) On donne 30 noix à Louis et 5 dizaines de noix à Paul. Qui en a le moins ?
(12) Léon a 25 billes dans une de ses poches et 6 dans l'autre. Combien en a-t-il ?
(13) Un enfant a 3 ans ; combien a-t-il de mois ?
(14) Un homme a 40 ans, son fils 10. De combien l'âge du père dépasse-t-il celui du fils ?
(15) Jean a 20 billes, Pierre en a 30 ; combien ont-ils de dizaines de billes à eux deux ?

CALCUL MENTAL

(1) Combien y a-t-il de fois 10 dans 70 ?
(2) Quel nombre forme-t-on avec : deux dizaines d'épingles et 3 épingles ? quatre dizaines de bûchettes et 5 bûchettes ?
(3) Combien font 14 œufs et une demi-douzaine d'œufs ?
(4) On mange 5 pommes sur 45 ; combien en reste-t-il ?
(5) Combien font une dizaine de poires et 7 poires ?
(6) Combien manque-t-il à 27 francs pour obtenir 3 pièces de 10 francs ?
(7) Compter par 3, de 3 à 60.

QUATRIÈME LEÇON

Les *dizaines* sont représentées par les mêmes chiffres que les *unités*, mais on place un zéro après chacun d'eux :

dix	s'écrit en chiffres	10
vingt	—	20
trente	—	30
quarante	—	40
cinquante	—	50
soixante	—	60
septante ou soixante-dix	—	70
quatre-vingts	—	80
nonante ou quatre-vingt-dix	—	90

Dix dizaines se nomment *cent*.

Ce nombre s'écrit en faisant suivre le chiffre 1 de deux zéros : 100.

EXERCICES SUR LES PLANCHETTES

(1) Écrire en chiffres le nombre trente.
(2) — cinq dizaines.
(3) — soixante-dix.
(4) — huit dizaines.
(5) — quatre-vingt-dix.
(6) — cent.

(7) Une famille dépense 3 francs par jour. Que dépense-t-elle dans une semaine?

(8) On a acheté une douzaine de biscuits qu'on partage entre 6 enfants. Combien chacun en a-t-il?

(9) Julien a 30 billes, Louis en a 20 et Étienne 10. Combien en ont-ils en tout?

(10) Eugène reçoit 5 francs de son père, 4 francs de sa mère et 6 francs de son parrain. Combien a-t-il reçu en tout?

(11) Un vitrier pose 7 carreaux à une croisée, puis 11 à une autre. Combien pose-t-il de carreaux en tout?

CALCUL MENTAL (1)

(1) Combien y a-t-il de pommes dans 4 dizaines? 6 dizaines?

---

(1) La plupart des exercices de calcul mental peuvent être faits sur les planchettes.

(2) Quels nombres forme-t-on avec six dizaines de coquilles ? sept dizaines de livres ?
(3) Combien y a-t-il de tas de dix dans 30 ?
(4) Quels sont les chiffres qu'on emploie pour écrire quarante ? soixante-dix ?
(5) Compter à rebours de 10 à 1, de 20 à 10, de 40 à 30.
(6) Compter par 2 à rebours, de 20 à 2, de 40 à 20, de 19 à 1.
(7) Compter par 3, de 3 à 30, de 20 à 50.
(8) Combien y a-t-il de souliers dans 2 paires ? dans 3 paires ? 6 paires ?

CINQUIÈME LEÇON

Les dizaines forment les *unités du deuxième ordre* et se placent au deuxième rang, en comptant de droite à gauche.

Entre dix et vingt, il y a neuf nombres. On les appelle : *onze, douze, treize, quatorze, quinze, seize, dix-sept, dix-huit, dix-neuf.*

Ces nombres s'écrivent 11, 12, 13, 14, 15, 16, 17, 18, 19.

Exercices.

(1) Compter de 10 à 20.
(2) Compter de 1 à 20.
(3) Compter à rebours de 20 à 10.
(4) A partir de 2, compter par 2, jusqu'à 20.
(5) Compter de 10 en 10 jusqu'à 50, et à rebours de 50 à 10.

EXERCICES SUR LES PLANCHETTES

(6) Tracer quatre barres et écrire au-dessous le chiffre 4.

(7) Tracer neuf barres et écrire au-dessous le chiffre 9.
(8) Tracer douze barres et écrire au-dessous le nombre 12.
(9) Écrire en chiffres et en lettres le nombre obtenu en ajoutant trois unités à une dizaine.
(10) Écrire en chiffres et en lettres le nombre obtenu en ajoutant à une dizaine 7 unités.
(11) Écrire en chiffres et en lettres le nombre obtenu en ajoutant à une dizaine 9 unités.
(12) Que faut-il ajouter à 7 pour obtenir 10 ?
(13) Combien faut-il de pièces de un centime pour faire 10 centimes ?
(14) Si une douzaine de boutons coûte 12 sous, quel est le prix de 2 douzaines ?
(15) Deux petits garçons se partagent une dizaine de pastilles. Quelle est la part de chacun ?
(16) Un cultivateur met dans un pré 3 chevaux, 4 vaches, 5 bœufs et 2 chèvres. Combien y a-t-il d'animaux qui paissent dans ce pré ?
(17) Un boucher a acheté 15 moutons la semaine dernière et 10 cette semaine. Combien a-t-il acheté de moutons pendant cette quinzaine ?
(18) Un jeune homme avait 24 francs dans sa tirelire et il y a ajouté 9 francs. Quel est son avoir actuel ?

CALCUL MENTAL

(1) Que font quarante unités ?
(2) Combien y a-t-il d'heures dans un jour ?
(3) Avec quels chiffres écrit-on onze ?
(4) Combien font 9 fois 10 ?
(5) Combien font 3 dizaines de pommes et 6 pommes ?
(6) Combien y a-t-il de plumes dans une demi-dizaine ?
(7) Quel résultat obtient-on en prenant 2 fois 3 ? 5 fois 7 ?

(8) Combien y a-t-il de dizaines dans 30 ? 60 ? 100 ?

(9) Si un ouvrier gagne 3 francs par jour, combien gagne-t-il en 10 jours ?

(10) Si un mètre de toile vaut 2 francs, que valent 3 mètres ?

SIXIÈME LEÇON

Entre les différents groupes de dizaines, il y a, comme entre *dix* et *vingt*, neuf nombres. On obtient leurs noms en ajoutant *au nom des dizaines les noms des neuf premiers nombres*. On obtient ainsi :

vingt-un,	qui s'écrit en chiffres	21
vingt-deux	—	22
vingt-trois	—	23
vingt-quatre	—	24
vingt-cinq	—	25
vingt-six	—	26
vingt-sept	—	27
vingt-huit	—	28
vingt-neuf	—	29
trente	—	30

EXERCICES SUR LES PLANCHETTES

(1) Écrire en chiffres le nombre vingt-trois.

(2) — — vingt-sept.

(3) Écrire les nombres compris entre 23 et 28.

(4) Quel est le nom du nombre ayant une unité de plus que dix-neuf ?

(5) Quel est le nom du nombre ayant une unité de moins que trente ?

(6) Écrire en lettres le nombre 24.

(7) — — 29.

(8) Dessiner cinq barres, en placer trois au-dessous, dire combien en tout.

(9) Dessiner 11 barres, en biffer ensuite 4; combien en reste-t-il?

(10) Combien font 10 poires et 20 poires?

(11) Combien y a-t-il de dizaines et d'unités dans 27?

(12) Faire 4 barres, puis encore quatre au-dessous. Combien en tout?

(13) Je possède 5 pièces de 10 francs. Quelle somme ai-je en tout?

(14) Dans une famille, le père gagne 6 francs par jour, la mère 3 francs et leur enfant 4 francs. Quelle est la recette journalière?

(15) Léon a 15 billes; il en perd 8. Combien lui en reste-t-il?

(16) Si, dans une famille, on boit 2 litres de vin par jour, combien en boit-on dans une semaine?

(17) Un négociant a vendu 35 pièces de vin de Mâcon et 11 pièces de vin de Bordeaux. Combien en a-t-il vendu de pièces?

CALCUL MENTAL

(1) Quel nombre forme-t-on avec une dizaine et trois unités?

(2) Quel nombre forme-t-on avec deux dizaines et sept unités?

(3) Combien font 8 et 3?
(4) — 18 et 3?
(5) — 5 et 4?
(6) — 15 et 4?
(7) — 22 et 6?
(8) Quel résultat obtient-on en répétant 4 deux fois?
(9) — 5 deux fois?
(10) Combien 4 vaut-il de fois 2?
(11) — 6 — 3?
(12) — 8 — 4?

SEPTIÈME LEÇON

Pour former les nombres compris entre *trois dizaines* et *quatre dizaines*, ou entre *trente* et *quarante*, on ajoute à *trente* les noms des neuf premiers nombres, et l'on a :

trente-un	qui s'écrit en chiffres	31
trente-deux	—	32
trente-trois	—	33
trente-quatre	—	34
trente-cinq	—	35
trente-six	—	36
trente-sept	—	37
trente-huit	—	38
trente-neuf	—	39
quarante	—	40

De même, on obtient les nombres compris entre *quarante* et *cinquante* en ajoutant à *quarante* les noms des neuf premiers nombres, et l'on a :

quarante-un	qui s'écrit en chiffres	41
quarante-deux	—	42
quarante-trois	—	43
quarante-quatre	—	44
quarante-cinq	—	45
quarante-six	—	46
quarante-sept	—	47
quarante-huit	—	48
quarante-neuf	—	49
cinquante	—	50

EXERCICES SUR LES PLANCHETTES

(1) Écrire en chiffres le nombre trente-sept.
(2) — — quarante-huit.
(3) — — cinquante.

(4) Écrire en lettres le nombre 23.
(5) —   —   35.
(6) —   —   46.
(7) De combien le nombre 27 surpasse-t-il 2 dizaines ?
(8)   —   33   —   3 — ?
(9) De combien le nombre 45 surpasse-t-il 4 dizaines ?
(10) Écrire le nombre qui a 9 unités de plus que 2 dizaines.
(11) Dans 20 pommes, combien y a-t-il de fois 10 pommes ?
(12) De 7 dizaines, si on ôte 5 dizaines, combien reste-t-il d'unités ?
(13) Une marchande achète des œufs pour 6 francs et les revend 8 francs. Que gagne-t-elle ?
(14) Trouver 2 nombres dont le total soit 9.
(15) Paul a obtenu les notes suivantes : calcul, 8 ; lecture, 9 ; orthographe, 7 ; écriture, 6 ; quel est le total de ses notes ?

CALCUL MENTAL

(1) Si à 28 on ajoute 5, quel nombre obtient-on ?
(2) Si un kilo de pain coûte 6 sous, quel est le prix de 3 kilos ?
(3) Que reste-t-il de 25, si l'on retranche 8 ?
(4) Combien y a-t-il de mètres dans 5 dizaines de mètres ?
(5) Sur 15 pommes, Jules en mange 9. Combien lui en reste-t-il ?
(6) Je voudrais acheter une paire de souliers 12 francs et je n'ai que 9 francs. Que me manque-t-il ?
(7) Édouard a 25 amandes ; il en mange 5, puis 7. Combien lui en reste-t-il ?
(8) A 8 francs le mètre de drap, que valent 2 mètres ? 3 mètres ? 4 mètres ?
(9) Dans 4 combien y a-t-il de fois 2 ?
(10) Si un mètre de mérinos coûte 3 francs, combien en aura-t-on pour 6 francs ?

HUITIÈME LEÇON

Pour former les nombres compris entre *cinq dizaines* et *six dizaines*, ou entre *cinquante* et *soixante*, on ajoute à *cinquante* les noms des 9 premiers nombres et l'on a :

cinquante-un	qui s'écrit en chiffres	51
cinquante-deux	—	52
cinquante-trois	—	53
cinquante-quatre	—	54
cinquante-cinq	—	55
cinquante-six	—	56
cinquante-sept	—	57
cinquante-huit	—	58
cinquante-neuf	—	59
soixante	—	60

De même, on obtient encore les nombres compris entre *soixante* et *soixante-dix* en ajoutant à *soixante* les noms des neuf premiers nombres, et l'on a :

soixante-un	qui s'écrit en chiffres	61
soixante-deux	—	62
soixante-trois	—	63
soixante-quatre	—	64
soixante-cinq	—	65
soixante-six	—	66
soixante-sept	—	67
soixante-huit	—	68
soixante-neuf	—	69
soixante-dix	—	70

On continue ainsi jusqu'à *cent*.

EXERCICES SUR LES PLANCHETTES

(1) Écrire en chiffres cinquante-cinq.
(2) — cinquante-neuf.
(3) — soixante-sept.

(4) Écrire en chiffres   septante-trois.
(5)   —   quatre-vingt-huit.
(6) Écrire en lettres   53.
(7)   —   64.
(8)   —   82.
(9)   —   89.
(10)   —   97.
(11) Compter de 70 à 80 (1).
(12)   —   80 à 90.
(13)   —   90 à 100.
(14) Compter à rebours de   90 à 80.
(15)   —   80 à 70.
(16)   —   100 à 90.
(17) De combien le nombre 67 surpasse-t-il 6 dizaines ?
(18) Que manque-t-il à 58 pour faire 6 dizaines ?
(19) Pierre a dépensé 10 centimes chez l'épicier et en a donné 5 à un pauvre. Combien a-t-il dépensé en tout ?
(20) J'ai 7 noisettes dans une main et 5 dans l'autre ; combien ai-je en tout ?
(21) La mère de Léon promet 5 centimes pour chaque bon point qu'il gagnera. Il a gagné cette semaine 4 bons points ; que recevra-t-il ?

CALCUL MENTAL

(1) Un élève doit apprendre 10 vers. Il en sait 7 : combien lui en reste-t-il à apprendre ?

(2) On possède 30 francs, on en dépense 10 ; que reste-t-il ?

(3) Combien font dix dizaines ?

(4) Combien y a-t-il de pièces de 10 francs dans 100 francs ?

(5) Combien y a-t-il de pièces de 20 francs dans 100 francs ?

---

(1) Le maître aura eu soin de faire remarquer qu'au lieu de soixante-dix-un, soixante-dix-deux, etc., l'usage a consacré soixante-onze, soixante-douze, etc.
On peut encore dire septante-un, septante-deux, etc.

(6) Quel nombre obtient-on en ajoutant 4 unités à 2 dizaines ?
(7) Quel est le double de 5 ?
(8) — 10 ?
(9) — 20 ?
(10) — 50 ?

NEUVIÈME LEÇON

Dix dizaines font *une centaine* ou *cent*.

Les centaines forment les *unités du troisième ordre* et se placent au troisième rang à partir de la droite.

On compte *des centaines* comme on a compté *des dizaines* et des *unités simples*.

On a ainsi les nombres suivants qui s'énoncent et qui s'écrivent en chiffres :

une centaine,	cent	100
deux centaines	deux cents	200
trois centaines	trois cents	300
quatre centaines	quatre cents	400
cinq centaines	cinq cents	500
six centaines	six cents	600
sept centaines	sept cents	700
huit centaines	huit cents	800
neuf centaines	neuf cents	900
dix centaines	mille	1000

Exercices (1)

(1) Compter par dizaines, de 10 à 100.
(2) — par unités, de 90 à 100.
(3) — par centaines, de 100 à 1000.
(4) Compter à rebours, par centaines, de 1000 à 100.

(1) Ces 4 premiers exercices peuvent être faits, soit sur les planchettes, soit oralement, avec les interrogations sur place. Il en est de même des exercices 11, 12, 13, 14, 15, 16 de la leçon précédente.

EXERCICES SUR LES PLANCHETTES

(5) Écrire le nombre formé de 5 dizaines et 7 unités.
(6) — de 8 dizaines et 3 unités.
(7) — de 9 dizaines et 9 unités.
(8) Combien y a-t-il de dizaines dans 90 ?
(9) — centaines dans 300 ?
(10) Écrire en chiffres le nombre quatre-vingt-dix-sept.
(11) Combien une centaine vaut-elle d'unités ?
(12) On a récolté 18 décalitres de pommes de terre et on en a revendu 11. Combien en reste-t-il ?
(13) Une école compte 3 classes ; la 1re a 40 élèves, la 2me, 45 et la 3me, 50. Combien y a-t-il d'élèves dans cette école ?
(14) Louis portait 15 gâteaux dans un panier. On lui en a volé 4. Combien lui en reste-il ?
(15) Je devais 83 francs ; j'en donne 9. Combien dois-je encore ?
(16) Une boîte contenait 144 plumes. On en ôte 40. Combien en reste-t-il ?

CALCUL MENTAL

(1) Si 2 mètres d'étoffe valent 20 francs, que vaut 1 mètre ?
(2) Combien y a-t-il de dizaines dans une centaine ?
(3) Louis a 9 ans, quel sera son âge dans 11 ans ?
(4) Paul a 8 figues et son frère le double. Combien ensemble ?
(5) Marie est sage et fait les commissions à sa maman. Elle paie une salade 15 centimes, un chou 25 centimes. Il lui reste encore 10 centimes. Qu'avait-elle en sortant ?
(6) Que devient le nombre 50, si l'on supprime le zéro ?
(7) Quels nombres obtient-on en ajoutant 4 unités à 3 dizaines ? à 6 dizaines ? à 5 dizaines ? à 8 dizaines ?

DIXIÈME LEÇON

Pour former les nombres compris entre *cent* et *deux cents*, on ajoute au nombre *cent* les noms des *quatre-vingt-dix-neuf* premiers nombres.
Ainsi on dira :

cent un	qui s'écrit en chiffres	101
cent deux	—	102
cent trois	—	103
cent quatre	—	104
. . . .		
cent dix	—	110
. . . .		
cent vingt-sept	—	127
. . . .		
cent septante-huit	—	178
. . . .		
cent quatre-vingt-dix-neuf	—	199

Exercices.

(1) Compter de 100 à 200.
(2) Compter à rebours de 200 à 100.
(3) Compter de 2 en 2, de 100 à 120.
(4) Compter de 3 en 3, de 130 à 160.

EXERCICES SUR LES PLANCHETTES

(5) Écrire en chiffres le nombre cent sept.
(6) — cent trente.
(7) — cent quarante-neuf.
(8) — cent soixante.
(9) — cent quatre-vingt-seize.
(10) Écrire en lettres le nombre 102.
(11) — 119.

(12) Écrire en lettres le nombre 138.
(13) —   159.
(14) —   178.
(15) Mon veston coûte 14 francs, mon gilet 5 francs et mon pantalon 10 francs. Quel est le prix de mon vêtement complet ?
(16) Louis a acheté 800 marrons et en a reçu 1 de plus par cent ; combien en a-t-il reçu en tout ?
(17) Je possède un billet de 100 francs et 5 pièces de 10 francs. Quelle somme ai-je en tout ?
(18) Dans un bois, il y a 40 chênes, 80 hêtres, 60 sapins. Combien de gros arbres en tout ?
(19) Charles gagne une fois 40 bons points et une autre fois 50. Combien a-t-il gagné de bons points en tout ? Combien de dizaines ?

CALCUL MENTAL

(1) Combien y a-t-il d'élèves dans une classe ayant 12 tables de 2 élèves chacune ?
(2) Comment obtient-on les nombres compris entre 40 et 50 ?
(3) Combien font six centaines et neuf centaines ? huit centaines et cinq centaines ?
(4) Combien y a-t-il de centaines et de dizaines dans 30 plus 90 ? dans 60 plus 70 ?
(5) Combien y a-t-il de centaines dans 300 ? de dizaines dans 200 ? de centaines dans 600 ?
(6) Quel nombre forment 1 centaine, 7 dizaines et 2 unités ?
(7) Dans cent mètres, combien y a-t-il de centaines de mètres ?
(8) Même question pour huit cents mètres ?
(9) Combien 10 dizaines d'œufs font-elles d'œufs ?
(10) D'une pièce d'étoffe de 30 mètres, on a vendu 20 mètres. Combien en reste-t-il ?

ONZIÈME LEÇON

Pour former les nombres compris entre *deux cents* et *trois cents*, on ajoute au nombre *deux cents* les noms des *quatre-vingt-dix-neuf* premiers nombres.
Ainsi on dira :

deux cent un	qui s'écrit en chiffres	201
deux cent deux	—	202
deux cent trois	—	203
. . . .		
deux cent trente-sept	—	237
. . . .		
deux cent septante-neuf	—	279
. . . .		
deux cent quatre-vingt-dix-neuf	—	299

De même, les nombres compris entre trois cents et quatre cents se formeront de la même manière. Il en sera encore de même entre quatre cents et cinq cents, entre cinq cents et six cents, et ainsi de suite, et enfin entre neuf cents et mille.

Le dernier nombre de trois chiffres est, par suite, neuf cent quatre-vingt-dix-neuf, qui s'écrit en chiffres 999.

Exercices.

(1) Compter de 200 à 300.
(2) — 300 à 400.
(3) Compter à rebours de 300 à 200.
(4) — 400 à 300.
(5) Compter de 2 en 2, de 240 à 270.
(6) — 3 en 3, de 180 à 210.

EXERCICES SUR LES PLANCHETTES

(7) Écrire en chiffres le nombre deux cent quarante.
(8) — — deux cent septante-trois.

(9) Écrire en chiffres le nombre trois cent quatre.
(10) — — trois cent quatre-vingt-neuf.
(11) Écrire en lettres le nombre 205.
(12) — — 229.
(13) — — 294.
(14) — — 317.
(15) — — 399.
(16) Une famille place chaque mois 10 francs à la caisse d'épargne ; combien place-t-elle dans l'année ?
(17) Une orange coûte 6 centimes ; combien coûtent 10 oranges ?
(18) Paul a pris hier 12 poissons et 8 aujourd'hui. Combien en a-t-il pris en tout ?

CALCUL MENTAL

(1) Que reste-t-il de 50, si on en retranche 10 ?
(2) Combien un mille vaut-il de centaines ?
(3) — — de dizaines ?
(4) — — d'unités ?
(5) Combien faut-il de pièces de 5 francs pour payer une somme de 50 francs ?
(6) Combien de pièces de 10 francs pour payer la même somme ?
(7) Si un kilogramme de pain coûte 35 centimes, quel est le prix de 2 kilogrammes ?
(8) Combien faut-il ajouter à 15 pour obtenir 20 ?

DOUZIÈME LEÇON

Dix centaines font *un mille.*

Les *mille* forment les *unités du quatrième ordre* et se placent au quatrième rang.

On compte des *mille* comme on a compté des *centaines*, des *dizaines* et des *unités*.

On a ainsi les nombres :

mille	qui s'écrit en chiffres	1000
deux mille	—	2000
trois mille	—	3000
quatre mille	—	4000
cinq mille	—	5000
six mille	—	6000
sept mille	—	7000
huit mille	—	8000
neuf mille	—	9000
dix mille	—	10 000

Exercices.

(1) Compter de 500 à 600.
(2) — 600 à 700.
(3) Compter à rebours de 800 à 750.
(4) Compter de 2 en 2, de 500 à 530.
(5) — 3 en 3, de 720 à 780.

EXERCICES SUR LES PLANCHETTES

(6) Écrire en chiffres le nombre cinq cent trente-neuf.
(9) Écrire en chiffres le nombre six cent trois.
(10) — six cent quatre-vingt-huit.
(11) — trois mille.
(12) Écrire en lettres le nombre 507.
(13) — 683.
(14) — 702.
(15) — 5000.

(16) Une fermière va au marché avec 3 francs dans sa bourse; elle vend pour 12 francs de beurre et pour 32 francs de poulets; quelle somme a-t-elle en revenant du marché ?

(17) Combien faut-il de pièces de 10 francs pour valoir 4 billets de 100 francs ?

(18) Une douzaine de mouchoirs coûte 12 francs.

Combien coûte 1 mouchoir? 5 mouchoirs? 8 mouchoirs?

(19) A 60, on ajoute 5 et on ôte 10. Que trouve-t-on?

(20) Votre oncle s'est fait soldat à 20 ans; il est resté 5 ans sous les drapeaux et est rentré depuis 12 ans. Quel âge a-t-il ?

CALCUL MENTAL

(1) Combien font 12 bûchettes, 10 bûchettes et 23 bûchettes ?

(2) Combien y a-t-il de centaines dans 700? dans 800 ? dans 900 ?

(3) Comment se nomme le nombre composé de 4 centaines et de 3 dizaines?

(4) Combien faut-il de centaines de francs pour faire 1000 francs ?

(5) Dans 1000 soldats, combien y a-t-il de centaines de soldats?

(6) Combien y a-t-il de centaines, de dizaines et d'unités dans le nombre 304?

(7) Que font dix centaines ?

(8) Quel nombre forme-t-on avec 8 dizaines et 8 unités ?

TREIZIÈME LEÇON

Pour former les nombres compris entre *mille* et *deux mille*, on ajoute au nombre *mille* les noms des *neuf cent quatre-vingt-dix-neuf* premiers nombres.

Ainsi on dira :

mille un,	qui s'écrit en chiffres	1001
mille deux	—	1002
mille trois	—	1003
....		
mille cent	—	1100
....		

mille deux cent sept   qui s'écrit en chiffres   1207

mille cinq cent treize   —   1513

mille huit cent soixante   —   1860

mille neuf cent quatre-vingt-dix-neuf   —   1999

Exercices.

(1) Compter de 800 à 900.
(2)   —   900 à 1000.
(3)   —   1000 à 1100.
(4) Compter de 2 en 2, de 600 à 700.
(5) Compter de 3 en 3, de 200 à 260.

EXERCICES SUR LES PLANCHETTES

(6) Écrire en chiffres le nombre neuf cent vingt-sept.
(7)   —   mille neuf.
(8)   —   mille cinq cent quinze.
(9)   —   mille huit cent soixante.
(10) Écrire en lettres le nombre 899.
(11)   —   942.
(12)   —   1095.
(13)   —   1320.
(14)   —   1887.

(15) Qu'exprime le chiffre du milieu dans 315 ; dans 480 ; dans 705 ?

(16) Lire les nombres suivants, puis les écrire en lettres : 47 tonneaux, 70 barriques, 90 unités, 81 bouteilles.

(17) Lire les nombres contenant 3 centaines, 4 dizaines et 5 unités ; 8 centaines, pas de dizaines et 9 unités.

(18) J'ai gagné 6 francs en revendant un objet qui m'avait coûté 15 francs. Combien l'ai-je vendu ?

(19) Un ouvrier entreprend pour 1000 francs d'ou-

vrage avec un rabais de 1 franc pour 100 francs. Que recevra-t-il?

(20) Un enfant s'est amusé à faire 5 tas de 10 cailloux, 2 de 20, et 1 de 100. Combien de cailloux en tout?

(21) Si 2 douzaines de pommes coûtent 24 sous, combien coûte une pomme? une douzaine de pommes? deux dizaines de pommes?

(22) Si un mètre de velours coûte 6 francs, combien en aurait-on de mètres pour 18 francs?

CALCUL MENTAL

(1) Combien faut-il de chiffres pour écrire les nombres douze, vingt-quatre, vingt-neuf, soixante-douze, cent?

(2) Combien font 2 dizaines et 3 dizaines? deux dizaines et 8 unités?

(3) Un enfant né en 1879, est mort en 1887. A quel âge est-il mort?

(4) Combien y a-t-il de lettres dans « école primaire »?

(5) — « département de la Seine »?

(6) Louis a 12 ans, son frère 8 et sa sœur 5. Combien d'années a-t-il de plus que chacun d'eux?

(7) Ernest a déjà 13 sous à la caisse d'épargne. Combien doit-il encore apporter pour faire 1 franc?

(8) Comment s'écrit le nombre qui renferme 15 dizaines et 7 unités? Comment se nomme-t-il?

(9) Avec 1000 litres de vin, combien pourrait-on remplir de barils contenant chacun 10 litres?

(10) Combien y a-t-il de centaines, de dizaines et d'unités dans 904?

QUATORZIÈME LEÇON

Pour former les nombres compris entre *deux mille* et

trois mille, on ajoute au nombre deux mille les noms des *neuf cent quatre-vingt-dix-neuf* premiers nombres. Ainsi on dira :

deux mille un	qui s'écrit en chiffres	2001
deux mille deux	—	2002
deux mille trois	—	2003
. . . .		. . .
deux mille cent huit	—	2108
. . . .		. . .
deux mille trois cent quinze	—	2315
. . . .		. . .
deux mille cinq cents	—	2500
. . . .		. . .
deux mille huit cent dix-sept	—	2817
. . . .		. . .
deux mille neuf cent quatre-vingt-dix-neuf	—	2999

De même, les nombres compris entre trois mille et quatre mille se formeront de la même manière. Il en sera encore de même entre quatre mille et cinq mille, entre cinq mille et six mille, et ainsi de suite, et enfin entre neuf mille et dix mille.

Le dernier nombre de 4 chiffres est, par suite, neuf mille neuf cent quatre-vingt-dix-neuf, qui s'écrit en chiffres 9999.

Exercices.

(1) Compter de 2300 à 2400.
(2) — 3540 à 3600.
(3) — 9020 à 9070.
(4) Compter de 4 en 4, de 20 à 60.
(5) — 5 en 5, de 10 à 60.

EXERCICES SUR LES PLANCHETTES

(6) Écrire en chiffres le nombre mille trois cent sept.

(7) Écrire en chiffres le nombre deux mille quarante.
(8) — — trois mille sept cent neuf.
(9) — — neuf mille huit.
(10) — — huit mille six cent treize.
(11) Écrire en lettres le nombre 902.
(12) — 2029.
(13) — 4708.
(14) — 7812.
(15) — 8709.
(16) On veut partager 10 noisettes entre deux enfants; combien chacun en aura-t-il?
(17) J'ai dans ma bourse 2 pièces de 2 francs et 1 de 1 franc. Combien ai-je de francs?
(18) Combien mille vaut-il de fois cent?
(19) — dix?
(20) — un?
(21) Écrire le nombre 347 et dire ce que 3 représente, ce que 4 représente, ainsi que 7.

CALCUL MENTAL

(1) Combien y a-t-il de dizaines dans 70?
(2) — centaines dans 920?
(3) Combien faut-il de pièces de 1 centime pour faire 10 centimes?
(4) Combien faut-il de pièces de 2 centimes?
(5) Combien font 50 pommes et 15 pommes?
(6) Ajouter 60 et 30.
(7) Ajouter 80 et 20.
(8) Quel est le nombre qui précède 1500?

QUINZIÈME LEÇON

En ajoutant l'unité au nombre *neuf mille neuf cent*

quatre-vingt-dix-neuf, 9999, qui est le plus grand nombre de quatre chiffres, on obtient le nombre *dix mille*, 10 000. En ajoutant à ce nombre les noms des *neuf cent quatre-vingt-dix-neuf* premiers nombres, on formera la série des nombres compris entre dix mille et onze mille.

Ainsi on dira :

dix mille un	qui s'écrit en chiffres	10 001
dix mille deux	—	10 002
dix mille trois	—	10 003
. . . .		
dix mille deux cent seize	—	10 216
. . . .		
dix mille sept cent huit	—	10 708
. . . .		
dix mille neuf cent quatre-vingt-dix-neuf	—	10 999

On forme de la même manière les nombres compris entre 11 000 et 12 000, entre 23 000 et 24 000, et ainsi de suite, jusqu'à quatre-vingt-dix-neuf mille neuf cent quatre-vingt-dix-neuf, qui s'écrit en chiffres 99 999.

Exercices.

(1) Compter de 10 080 à 10 160.
(2) — 13 500 à 13 600.
(3) — 20 000 à 20 100.
(4) à rebours de 700 à 660.
(5) Compter de 4 en 4, de 40 à 100.
(6) Compter de 5 en 5, de 80 à 120.

EXERCICES SUR LES PLANCHETTES

(7) Écrire en chiffres le nombre dix mille cinquante-trois.
(8) — vingt mille deux cents.
(9) — dix mille sept cent huit.
(10) — trente mille.

(11) Écrire en chiffres le nombre trente cinq mille vingt-sept.
(12) Écrire en lettres le nombre 10 394.
(13) — 12 048.
(14) — 15 900.
(15) — 20 000.
(16) — 23 047.
(17) Dans une famille, le père gagne 6 francs par jour, la mère 2 francs et le fils aîné 3 francs ; combien en tout ?
(18) La mère d'Émile a acheté pour 20 centimes de savon, 10 centimes de fil et 5 centimes d'aiguilles ; combien a-t-elle dépensé ?
(19) J'ai dans ma bourse 4 pièces de 20 francs et une de 5 francs. Combien ai-je de francs en tout ?
(20) Un écolier met chaque mois 80 centimes à la caisse d'épargne ; combien met-il dans 10 mois ? combien dans toute l'année ?

CALCUL MENTAL

(1) Un panier contient 50 pommes ; on en retire 15 ; combien en reste-t-il ?
(2) Combien faut-il d'unités pour faire mille ?
(3) — de dizaines — ?
(4) — de centaines — ?
(5) Combien faut-il de mille pour faire dix mille ?
(6) Combien faut-il de pièces de 2 francs pour faire 20 francs ?
(8) Combien faut-il enlever à 120 pour obtenir 110 ?

SEIZIÈME LEÇON

En ajoutant l'unité au nombre *quatre-vingt-dix-neuf mille neuf cent quatre-vingt-dix-neuf*, 99 999, qui est le plus grand nombre de cinq chiffres, on obtient le nombre *dix dizaines de mille*, ou *une centaine de mille*, qu'on nomme *cent mille*.

On compte les *centaines de mille* comme les *centaines d'unités*.

Ainsi on dira :

cent mille	qui s'écrit en chiffres	100 000
deux cent mille	—	200 000
trois cent mille	—	300 000
quatre cent mille	—	400 000
cinq cent mille	—	500 000
six cent mille	—	600 000
sept cent mille	—	700 000
huit cent mille	—	800 000
neuf cent mille	—	900 000

Exercices.

(1) Compter de 25 100 à 25 200.
(2) — 87 000 à 87 060.
(3) Compter de 2 en 2, de 780 à 830.
(4) — 3 en 3, de 1015 à 1060.
(5) — 4 en 4, de 80 à 120.

EXERCICES SUR LES PLANCHETTES

(6) Écrire en chiffres le nombre trente mille trois cents.
(7) — dix mille quinze.
(8) — quarante-trois mille huit cents.
(9) — quatre-vingt mille dix-sept.
(10) — sept cent mille.
(11) — neuf cent mille.
(12) Écrire en lettres le nombre 1007.
(13) — 10 015.
(14) — 19 713.
(15) — 45 800.
(16) — 87 349.
(17) Dans un jardin, il y a 20 poiriers, 8 cerisiers et 2 pruniers ; combien d'arbres en tout ?

(18) Un tonneau contient 200 litres de vin ; on en tire 40 litres ; combien en reste-t-il ?

(19) Je possède 20 francs ; je dois 7 francs à mon boulanger ; que me reste-t-il ?

(20) On donne 5 billes à Pierre, autant à Jean et autant à Léon ; combien a-t-on donné de billes ?

(21) Charles a 3 trois noix, Henri en a 5 et Eugène 7 ; combien en ont-ils en tout ?

(22) Ernest a 36 cerises ; il en perd 13, mais on lui en donne encore 8 ; combien lui en reste-t-il ?

CALCUL MENTAL

(1) Combien y a-t-il de dizaines dans une centaine ?
(2) — dans deux centaines ?
(3) — dans le nombre 78 ?
(4) — — 530 ?
(5) Combien y a-t-il de pièces de 50 cent. dans 1 fr. ?
(6) — 20 — ?
(7) — 50 — 5 fr. ?
(8) — 20 — 2 fr. ?
(9) Combien une pièce de 100 francs vaut-elle de fois plus que celle de 1 franc ? de 2 francs ? de 5 francs ?
(10) — De 10 francs ? de 20 francs ? de 50 francs ?
(11) Que faut-il ajouter à 23 pour obtenir 30 ?

DIX-SEPTIÈME LEÇON

Pour former les nombres compris entre *cent mille* et *deux cent mille*, on ajoute au nombre *cent mille* les noms des *quatre-vingt-dix-neuf mille neuf cent quatre-vingt-dix-neuf* premiers nombres.

Ainsi on dira :
cent mille un   qui s'écrit en chiffres   100 001
cent mille deux   —   100 002

cent mille trois	qui s'écrit en chiffres	100 003
cent mille six cents	—	100 600
cent vingt mille quinze	—	120 015
cent quatre-vingt-sept mille quarante	—	187 040
cent quatre-vingt-dix-neuf mille neuf cent quatre-vingt-dix-neuf	—	199 999

On forme de la même manière les nombres compris entre deux cent mille et trois cent mille, de même encore ceux compris entre trois cent mille et quatre cent mille, et ainsi de suite, jusqu'à neuf cent quatre-vingt-dix-neuf mille neuf cent quatre-vingt-dix-neuf, qui est le plus grand nombre de 6 chiffres.

Exercices.

(1) Compter de 87 600 à 87 650.
(2) — 100 100 à 100 150.
(3) — 327 500 à 327 540.
(4) Compter de 4 en 4, de 200 à 300.
(5) — 5 en 5, de 400 à 460.

On appelle nombres *pairs* les nombres qui vont de 2 en 2, à partir de 2.

(6) Nommer les nombres pairs, de 2 à 50.

EXERCICES SUR LES PLANCHETTES

(7) Écrire en chiffres le nombre sept mille huit.
(8) — cinquante mille.
(9) — cent mille cinq cents.
(10) — cent trente mille quatre cent quinze.

(11) Écrire en chiffres le nombre deux cent dix-sept mille deux cents.

(12) Écrire en lettres le nombre 3 019.
(13) — 27 000.
(14) — 100 001.
(15) — 120 000.
(16) — 200 000.
(17) — 250 400.

(18) Écrire en lettres et en chiffres le plus grand nombre de 2 chiffres.

(19) Écrire en lettres et en chiffres le plus petit nombre de 4 chiffres.

(20) Combien font 42 pommes et 8 pommes ?
(21) Combien font 4 tas de 3 poires ?
(22) Combien font 5 centaines et 8 unités ?

CALCUL MENTAL

(1) Combien faut-il de dizaines pour faire mille ?
(2) Il y a 25 oranges dans une corbeille et 40 dans une autre ; combien en tout ?
(3) Combien faut-il de pièces de 50 centimes pour faire 10 francs ?
(4) Jules possède 11 billes ; combien lui en manque-t-il pour en avoir 20 ?
(5) Combien y a-t-il de fois 10 dans 80 ?
(6) — 100 — 900 ?

DIX-HUITIÈME LEÇON

En ajoutant l'unité au plus grand nombre de six chiffres, *neuf cent quatre-vingt-dix-neuf mille neuf cent quatre-vingt-dix-neuf*, 999 999, on obtient un nombre qui contient *dix centaines de mille*. Ce nombre se nomme un *million* et s'écrit 1 000 000.

De même qu'on a distingué des *unités de mille*, des *dizaines de mille* et des *centaines de mille*, de même on distingue des *unités de millions*, des *dizaines de millions* et des *centaines de millions*.

Les unités de millions se placent au 7e rang en allant de droite à gauche, les dizaines de millions au 8e rang et les centaines de millions au 9e rang.

EXERCICES SUR LES PLANCHETTES

(1) Écrire le nombre dix fois plus grand que 100.
(2) — — 1000.
(3) — — 100000.
(4) Écrire en chiffres le nombre neuf mille cinq.
(5) — vingt-sept mille six cent quinze.
(6) — quatre cent mille neuf cents.
(7) — huit cent mille dix-sept.
(8) Écrire en lettres le nombre 37 004.
(9) — 300 019.
(10) — 700 000.
(11) — 815 420.
(12) — 3 000 000.
(13) Combien y a-t-il de dizaines dans le nombre 50 ?
(14) Combien valent ensemble 2 chevaux, l'un de 800 francs et l'autre de 600 ?
(15) J'ai payé 19 francs un veston et un gilet ; le gilet est estimé 6 francs ; quel est le prix du veston ?
(16) Un sou vaut 5 centimes ; combien valent 2 sous ? 3 sous ? 4 sous ? 6 sous ? etc.
(17) Un joueur avait 27 francs ; il en a perdu 8 ; que lui reste-t-il ?
(18) Sur un travail de 500 francs, on me déduit 1 franc par 100 francs. Que me donne-t-on ?

CALCUL MENTAL

(1) Combien y a-t-il de dizaines dans une centaine ? dans 4 centaines ?

(2) Combien y a-t-il de pièces de 1 franc dans 100 francs ? de pièces de 10 francs dans 200 francs ?

(3) Combien font 100 épingles et 18 épingles ?

(4) Que représente un zéro placé au deuxième rang ?

(4) Une marchandise a coûté 37 francs. Combien faut-il la revendre pour gagner 3 francs ?

(6) Vous aviez 8 sous ; vous en avez dépensé 4 ; combien vous reste-t-il de centimes ?

(7) Que faut-il ajouter à 4000 pour obtenir une dizaine de mille ?

(8) Combien faut-il ajouter à 43 pour avoir 49 ?

(9) Dire le nombre qui précède 2000.

(10) Réunir 60, plus 80, plus 7.

DIX-NEUVIÈME LEÇON

Une unité de chaque ordre vaut dix unités de l'ordre immédiatement inférieur, c'est-à-dire qu'une dizaine vaut dix unités simples, une centaine vaut dix dizaines, un mille vaut dix centaines, et ainsi de suite.

Tout chiffre placé à la gauche d'un autre représente des unités dix fois plus fortes que cet autre.

Ainsi, dans le nombre 843, le 4, qui est à la gauche du 3, n'a plus pour valeur 4, mais il a pour valeur 4 dizaines, ou 40.

De même, le 8, qui est encore un rang plus à gauche, exprime des unités dix fois plus grandes que des dizaines, c'est-à-dire exprime 8 centaines.

Le zéro n'a aucune valeur par lui-même ; il remplace les ordres d'unités qui manquent.

ET DE GÉOMÉTRIE

EXERCICES SUR LES PLANCHETTES

(1) Que représente 5 dans le nombre 752 ?
(2) — 7 — 8700 ?
(3) — 9 — 49503 ?
(4) — 5 — 17245 ?
(5) Écrire le nombre dix fois plus petit que 1000.
(6) — que 100000.
(7) Écrire en chiffres 11 cents hommes.
(8) — 14 cents cavaliers.
(9) — 18 cents cuirassiers.
(10) Écrire le nombre formé avec 7 centaines, 8 dizaines et 5 unités.
(11) Écrire le nombre formé avec 3 mille et 17 unités.
(12) Écrire en chiffres cent mille huit cents.
(13) — mille quatre.
(14) Écrire en lettres 300 019.
(15) — 700 000.
(16) Un ouvrier gagne 4 francs par jour et un autre 3 francs. Quelle est la différence entre leurs gains au bout d'une semaine de 6 jours de travail ?
(17) Une personne qui me devait 29 francs ne me doit plus que 12 francs. Combien m'a-t-elle donné ?
(18) Un ouvrier achète un pantalon 16 francs, un chapeau 3 fr. 50 et un gilet 10 francs. Quelle est sa dépense ?
(19) Un coupon contenait 17 mètres d'étoffe ; on en a vendu d'abord 3 mètres, puis 5 mètres. Combien en reste-t-il ?
(20) Une personne qui devait 5 francs donne en paiement 2 pièces de 2 francs et une de 0 fr. 20. Combien doit-elle encore ?

CALCUL MENTAL

(1) Compter de 2 en 2, de 2 à 30, en se servant d'objets connus.
(2) Faire l'exercice inverse, de 20 à 2.

(3) Combien faut-il de centimes pour faire 6 sous? 9 sous? 15 sous?

(4) Trouver 2 nombres dont la somme soit 12 ; 15.

(5) Combien y a-t-il d'unités dans 1 centaine et 4 dizaines? 7 centaines et 3 unités? 4 dizaines et 9 unités?

(6) Combien d'élèves dans 2 classes qui en contiennent, la première 55 et la seconde 40? Combien y en a-t-il de plus dans la première que dans la seconde?

(7) Combien d'épingles a-t-on dans 38 dizaines de mille? dans 97 centaines d'unités?

(8) Avec 1000 litres de vin, combien pourrait-on remplir de barils contenant chacun 10 litres?

VINGTIÈME LEÇON

Règle pour lire un nombre. — Pour lire un nombre, on le partage en tranches de trois chiffres à partir de la droite; puis, commençant par la gauche, on lit chaque tranche comme si elle était seule, en lui donnant le nom de la classe qu'elle représente.

EXEMPLE. — Lire le nombre 47815.

On le partage en tranches de trois chiffres à partir de la droite, ce qui lui donne 47.815 (1).

La première tranche à droite représente des *unités simples*, celle qui suit, des *mille*.

On dira donc : *quarante-sept mille, huit cent quinze*.

Soit encore à lire le nombre 2603247.

On le partage en tranches de trois chiffres à partir de la droite, ce qui donne 2.603.247.

La première tranche à droite représente des *unités*

---

1. La dernière tranche à gauche peut n'avoir que deux ou même qu'un chiffre.

simples, celle qui suit, *des mille*, la suivante encore *des millions*.

On dira donc : *deux millions, six cent trois mille, deux cent quarante-sept*.

EXERCICES SUR LES PLANCHETTES

(1) Que représente 8 dans le nombre 7803 ?
(2) — 2 — 623045 ?
(3) Écrire le plus petit nombre de 5 chiffres.
(4) — grand — de 5 chiffres.
(5) Écrire le nombre 100 fois plus petit que 1000.
(6) Écrire le nombre formé avec 12 mille et 7 centaines.
(7) — 3 mille et 4 unités.
(8) Écrire en chiffres le nombre vingt mille sept.
(9) — un million neuf mille.
(10) Écrire en lettres le nombre 90 040.
(11) — 100 002.
(12) — 700 840.
(13) Un ouvrier gagne dans sa journée 6 francs et en dépense 4. Que lui reste-t-il au bout de 6 jours ?
(14) Une bouteille contient 2 litres de vin, une autre 3 litres, et une troisième autant que les 2 premières. Quelle est, en tout, la contenance des 3 bouteilles ?
(15) Si des œufs coûtent 50 francs le mille, quel est le prix d'une centaine d'œufs ?
(16) Si une paire de pantoufles coûte 3 francs, combien en aura-t-on de paires pour 15 francs ?
(17) Un marchand a acheté un fauteuil 20 francs. Que gagne-t-il en le revendant avec 1/4 de bénéfice ?

CALCUL MENTAL

(1) Compter par 5, à partir de 1, 2, 3, 4, 5.
(2) Dire la valeur du chiffre 5 dans les nombres : 350 mètres, 2475 litres, 943568 francs.
(3) Combien a-t-on de mètres dans 6 dizaines de

mètres? dans 7 centaines? dans 5 dizaines et trois unités?

(4) Nommer les classes renfermées dans un nombre de 6 chiffres? de 9 chiffres? de 7 chiffres?

(5) Que doit-on pour 3 mètres d'étoffe à 6 francs le mètre?

(6) Combien y a-t-il de centimes dans un franc?

(7) Combien un franc vaut-il de pièces de 10 centimes?

(8) Combien une pièce de 2 francs vaut-elle de pièces de 10 centimes?

VINGT ET UNIÈME LEÇON

Les *unités*, les *dizaines* et les *centaines* forment ce qu'on appelle la *classe des unités simples*; les *unités de mille*, les *dizaines de mille* et les *centaines de mille* forment la classe des mille; les *unités de millions*, les *dizaines de millions* et les *centaines de millions* forment la *classe des millions*.

On voit donc qu'il y a toujours 3 ordres dans chaque classe, des unités, des dizaines et des centaines, ainsi que l'indique le tableau ci-dessous :

Millions.	*Mille.*	*Unités simples.*
centaines de millions. dizaines de millions. unités de millions.	centaines de mille. dizaines de mille. unités de mille.	centaines. dizaines. unités.

ET DE GÉOMÉTRIE

Règle pour écrire un nombre. — Pour écrire un nombre, on écrit d'abord, en allant de gauche à droite, la classe la plus élevée, comme si elle était seule ; puis, à sa droite, la classe immédiatement inférieure ou les zéros qui la remplacent, et ainsi de suite, en terminant par la classe des unités simples.

EXERCICES SUR LES PLANCHETTES

(1) Écrire en chiffres le nombre cinq mille six cent soixante-treize.
(2) — — quatre cent vingt-quatre mille sept cent un.
(3) — — cent soixante-quatre mille cent onze.
(4) — — deux millions trois cent quarante mille cinq cents.
(5) Écrire en lettres 9007.
(6) — 60 438.
(7) — 200 819.
(8) — 900 005.
(9) Compter de 20 en 20, de 20 à 200.
(10) Qu'exprime le chiffre 8 dans le nombre 3805 ?
(11) Combien y a-t-il de centaines dans 8000 ?
(12) Un ouvrier a reçu 28 francs ; un second a reçu 11 francs de plus que lui. Qu'ont-ils reçu en tout ?
(13) Si une douzaine d'oranges coûte 0 fr. 60, quel est le prix d'une orange ? de 15 ? de 24 ? de 36 ?
(14) Un marchand vend 80 mètres de toile et 40 mètres de drap. Combien a-t-il vendu de mètres d'étoffe ?
(15) Un jeune employé qui gagne 50 fr. par mois est resté cinq mois dans une maison. Combien lui doit-on ?
(16) Si un mètre de drap coûte 12 francs, que coûtent 5 mètres ?

CALCUL MENTAL

(1) Combien font 15 et 25 ? 30 et 18 ? 50 et 12 ?

(2) Jules avait 8 billes; son frère lui en donne 6, puis il en perd 12; combien lui en reste-t-il?

(3) Pour 20 journées de travail, un ouvrier a reçu 80 francs. Combien gagnait-il par jour?

(4) Si un kilogramme vaut 1000 grammes, combien y a-t-il de kilogrammes dans 8000 grammes?

(5) Combien y a-t-il de dizaines dans dix-sept mille?

(6) Quel nombre forme-t-on avec 2 unités de millions, 5 centaines de mille et 7 unités?

(7) Combien emploie-t-on de zéros pour écrire dix mille?

(8) Combien les dizaines de mille sont-elles de fois plus grandes que les dizaines simples?

VINGT-DEUXIÈME LEÇON

Si l'on partage l'unité en *dix parties égales*, les parties obtenues s'appellent des *dixièmes*.

EXEMPLES. — Si l'on partage une pomme en dix tranches égales et qu'on prenne une de ces tranches, on aura pris un dixième de la pomme. Si l'on prend 2 tranches, on aura 2 dixièmes; 3 tranches, 3 dixièmes. Si l'on prend les 10 tranches, on aura pris les 10 dixièmes de la pomme, ou la pomme entière.

La pièce de 10 centimes est le *dixième du franc*, car il faut 10 pièces de 10 centimes pour faire un franc :

un dixième	s'écrit	0,1
deux dixièmes	s'écrivent	0,2
trois dixièmes	—	0,3
quatre dixièmes	—	0,4
cinq dixièmes	—	0,5
six dixièmes	—	0,6
sept dixièmes	—	0,7
huit dixièmes	—	0,8

neuf dixièmes   s'écrivent   0,9
dix dixièmes   —   1

EXERCICES SUR LES PLANCHETTES

(1) Écrire en chiffres trois cent mille quarante-huit.
(2)   —   un million cinq cent mille.
(3) Écrire en lettres 432 080.
(4)   —   57 009.
(5) Écrire en chiffres 4 dixièmes.
(6) Écrire en chiffres 7 dixièmes.
(7) Combien la moitié d'une orange contient-elle de dixièmes d'orange?
(8) Combien l'unité vaut-elle de dixièmes?
(9) Combien une dizaine vaut-elle de dixièmes?
(10) Que représente 5 dans le nombre $2^m,5$?
(11) Un ouvrier économise 5 sous par jour. Combien économise-t-il en 10 jours?
(12) Combien votre mère fera-t-elle de chemises avec 15 mètres de calicot, s'il faut 3 mètres pour une chemise?
(13) Un ouvrier avait 30 mètres d'étoffe à faire; il en a fait hier 12 mètres et 10 mètres aujourd'hui. Combien lui reste-t-il de mètres à faire?
(14) Une personne achète une montre 38 francs et y fait faire 3 francs de réparations; puis elle la revend 42 francs. Combien gagne-t-elle?
(15) La petite aiguille d'une montre est sur 10 heures; dans combien de minutes sera-t-elle sur midi?

CALCUL MENTAL

(1) Retrancher 5, puis 6, de 80, autant de fois qu'il est possible.
(2) Combien font 72 et 8? 45 et 7? 62 et 15?
(3) Nommer par ordre les unités croissantes de l'unité simple au million.
(4) Que représente chaque 5 dans le nombre 5555?

(5) Combien y a-t-il de mois dans 2 ans et 1 trimestre ?

(6) Eugène, qui était le 9ᵉ, a perdu 6 places. Quelle place a-t-il ?

(7) Un père de famille a donné 60 francs à ses quatre enfants. Combien chacun a-t-il reçu ?

(8) Si cent mètres de terrain ont coûté 200 francs, quel est le prix du mètre ?

(9) Quel est l'équivalent de dix centaines de mille ?

(10) Que vaut chaque chiffre placé à la gauche d'un autre ?

(11) Que vaut chaque chiffre placé à la droite d'un autre ?

VINGT-TROISIÈME LEÇON

Si l'on prend une règle et si on la divise en dix parties égales, les parties obtenues s'appellent des *dixièmes*.

Si l'on partage une de ces divisions, c'est-à-dire un *dixième*, en dix parties égales, les nouvelles parties s'appellent *centièmes*.

Le *centième* est dix fois plus petit qu'un *dixième* et est cent fois plus petit que l'unité.

EXEMPLE. — Le *décimètre* est le *dixième du mètre*, parce qu'il est 10 fois plus petit que le *mètre* ; le *centimètre* est le *centième du mètre*, parce qu'il est 100 fois plus petit que le mètre.

De même le *centime* est la *centième partie du franc*.

un centième	s'écrit	0,01
deux centièmes	s'écrivent	0,02
trois —	—	0,03
. . . . . .		
dix —	—	0,1
. . . . . .		

ET DE GÉOMÉTRIE

quatorze centièmes	s'écrivent	0,14
trente-sept —	—	0,37
quatre-vingt-dix-neuf —	—	0,99
cent —	—	1

EXERCICES SUR LES PLANCHETTES

(1) Diviser le bord supérieur de la planchette en 2 parties égales.

(2) Diviser chaque moitié en 5 parties égales.

(3) Comment appelle-t-on chaque division ?

(4) Écrire le nombre obtenu en prenant 3 divisions.

(5)   —   —   5   —   (1).

(6) Écrire en chiffres six centièmes.

(7)   —   neuf   —   .

(8)   —   treize   —   .

(9) Combien un dixième vaut-il de centièmes ?

(10) Combien l'unité vaut-elle de centièmes ?

(11) Combien 3 dixièmes valent-ils de centièmes ?

(12) Un ouvrier gagne 5 francs par jour et dépense 25 francs par semaine. Que lui reste-t-il au bout de la semaine de 6 jours de travail ?

(13) Un écolier verse tous les mois 2 francs à la caisse d'épargne. Quelle somme aura-t-il versée à la fin de l'année ?

(14) Deux ouvriers ont fait ensemble un travail qui a duré 8 jours et pour lequel ils ont reçu 64 francs. Combien chaque ouvrier gagnait-il par jour ?

(15) Une modiste achète 4 chapeaux qu'elle revend 60 francs en faisant un bénéfice de 3 francs par chapeau. A combien chaque chapeau lui revient-il ?

(16) Trouver deux nombres qui se suivent dont la somme soit 15.

---

(1) Remarquer que 0,5 est la même chose que la moitié.

CALCUL MENTAL

(1) Une chambre a 4 croisées ayant chacune 6 carreaux. Combien de carreaux en tout?

(2) Dans 4 unités combien de dixièmes? de centièmes?

(3) Combien y a-t-il d'unités dans 40 dixièmes? dans 800 centièmes?

(4) Léon a 15 francs et son cousin 7 de moins. Combien ont-ils ensemble?

(5) On donne 0 fr. 60 à Paul pour acheter un chou de 0 fr. 20 et une salade de 0 fr. 10; que doit-il rapporter?

(6) Combien faut-il de zéros pour écrire cent mille?

VINGT-QUATRIÈME LEÇON

Si l'on partage le *centième* en dix parties égales, les nouvelles parties, qui sont *dix fois plus petites qu'un centième*, ou *cent fois plus petites qu'un dixième*, ou *mille fois plus petites que l'unité*, s'appellent *millièmes*.

EXEMPLES. — Le *millimètre* est la *millième partie du mètre* parce qu'il faut *mille millimètres* pour faire un mètre. De même le *gramme* est la *millième partie du kilogramme*.

un millième	s'écrit	0,001
deux millièmes	s'écrivent	0,002
. . . .		
sept millièmes	—	0,007
. . . .		
dix millièmes	—	0,001
. . . .		
treize millièmes	—	0,013
. . . .		

ET DE GÉOMÉTRIE

cent millièmes   s'écrivent   0,1

cent soixante-trois millièmes   —   0,163

deux cent qua-rante-sept millièmes   —   0,247

six cent huit millièmes   —   0,608

neuf cent quatre-vingt-dix-neuf millièmes   —   0,999

mille millièmes   —   1

EXERCICES SUR LES PLANCHETTES

(1) Combien l'unité vaut-elle de centièmes ?
(2)   —   millièmes ?
(3) Combien un dixième vaut-il de centièmes ?
(4)   —   millièmes ?
(5) Écrire en chiffres trente-sept centièmes.
(6)   —   neuf centièmes.
(7)   —   cinq cent trente millièmes.
(8)   —   quatre-vingt-sept millièmes.
(9) Combien y a-t-il de dixièmes dans septante centièmes ?
(10) Combien y a-t-il de centièmes dans dix millièmes ?
(11) Que doit une personne pour 2 douzaines de mouchoirs à 1 franc le mouchoir ?
(12) Un marchand vend 5 mètres de drap à 5 fr. 50 l'un. Quelle somme doit-il recevoir ?
(13) Une ménagère a dépensé au marché 7 fr. 50. Que lui reste-t-il, si elle avait 20 francs ?
(14) Une fermière a vendu 5 paires de poulets à

4 francs la paire et 8 canards à 2 francs l'un. Quel est le produit de sa vente ?

(15) L'homme a 32 dents. Louis en a déjà 23 et Charles 19. Combien manque-t-il de dents à chacun ?

CALCUL MENTAL

(1) Dire combien font 20—8 ; 15—9 ; 24—14 ; 25—7 ; 21—13.

(2) Combien y a-t-il de dixièmes, de centièmes, de millièmes dans 2, 3, 4 unités, dans la moitié d'une unité ?

(3) Victor avait 40 marrons ; il en a donné 7 à son frère et 8 à sa sœur. Combien en a-t-il donné et combien lui en reste-t-il ?

(4) Combien faut-il ajouter à 84 pour avoir une centaine ? à 995 pour avoir une unité de mille ? à 9990 pour avoir une dizaine de mille ?

(5) Un panier renferme 40 pommes : Louis et Charles en prennent chacun 11 et leur sœur le reste ; combien en a celle-ci ?

(6) Combien le mètre pliant contient-il de parties pouvant se plier ? Comment appelle-t-on chacune d'elles ?

(7) Combien 3 unités font-elles de dixièmes ? de centièmes ?

(8) Combien 4 dixièmes valent-ils de centièmes ?

VINGT-CINQUIÈME LEÇON

Les nombres tels que : 3 dixièmes, 47 centièmes, 352 millièmes, qui s'écrivent 0,3 ; 0,47 ; 0,352, s'appellent *fractions décimales*. Mais ceux qui contiennent une ou plusieurs unités entières et, en plus, une fraction décimale, s'appellent *nombres décimaux*. Tels sont les nombres 3 mètres 47 centimètres; 5^{kg},3; 1 franc 75 centimes.

On sait que dans le nombre 548, le 4, placé à la gauche de 8, représente des unités 10 fois plus grandes que le 8, c'est-à-dire des dizaines; le 5, qui est un rang plus à gauche, représente des unités 10 fois plus grandes encore, c'est-à-dire des centaines.

Par suite le chiffre 8 devra exprimer à son tour des unités 10 fois plus grandes que le chiffre que l'on placerait à sa droite.

Les dixièmes s'écriront donc au 1er rang à droite des unités, les centièmes au 2° rang et les millièmes au 3° rang.

Seulement, pour distinguer la partie entière de la partie décimale, on met une virgule après la partie entière.

Si la partie entière manque, on la remplace par un zéro. On remplace aussi par des zéros les ordres d'unités décimales qui manquent, comme on le fait pour la partie entière.

EXERCICES SUR LES PLANCHETTES

(1) Combien 3 unités valent-elles de centièmes ?
(2) Combien y a-t-il de dixièmes dans 90 centièmes ?
(3) Écrire en chiffres   trois unités cinq dixièmes.
(4)   —   six cent sept millièmes.
(5)   —   douze millièmes.
(6)   —   huit unités quatre centièmes.
(7) Combien y a-t-il de dixièmes dans 3,2 ?
(8)   —   —   0,47 ?
(9) Combien y a-t-il de centièmes dans 0,9 ?
(10)   —   —   2,407 ?
(11) Combien met de côté par trimestre un jeune homme qui économise 24 francs par mois ?
(12) Un bateau fait 6 voyages par jour et transporte chaque fois 50 personnes; quel est le nombre de personnes qu'il transporte dans un jour ?

(13) Si un mètre de drap coûte 14 francs, combien coûteront 100 mètres ?

(14) Henri est né en 1887. En quelle année aura-t-il 20 ans ?

(15) En partageant une somme entre 5 personnes, chacune a reçu 20 francs. Quelle était cette somme ?

CALCUL MENTAL

(1) Retrancher successivement 3 de 18, autant qu'il est possible.

(2) Combien d'unités dans 47 dixièmes ? 740 centièmes ? 4620 millièmes ?

(3) Que faut-il ajouter à 975 millièmes pour former une unité ?

(4) Combien y a-t-il de fois 25 dans 50, dans 75, dans 100 ?

(5) Que resterait-il si l'on retranchait 25 de 100 ? de 75 ? de 50 ?

(6) Si d'une unité on retranche 3 dixièmes, que reste-t-il ?

(7) Combien 5 dixièmes et 6 dixièmes font-ils d'unités ?

(8) Combien y a-t-il de sous dans 3 francs ?

(9) Si une orange coûte 0 fr. 20, combien en aura-t-on pour 1 franc ?

(10) Quand le jeudi est le 17 d'un mois, quelles sont les dates des autres jeudis ?

VINGT-SIXIÈME LEÇON

Règle pour lire un nombre décimal. — Pour lire un nombre décimal, on énonce d'abord la *partie entière;* on énonce ensuite la *partie décimale*, comme un nombre entier, en faisant suivre cet énoncé du nom de

ET DE GÉOMÉTRIE

l'unité décimale représentée par le dernier chiffre.

EXEMPLE I. — Soit à lire le nombre 4,39, dont le dernier chiffre exprime des centièmes. On dira : *4 unités, 39 centièmes.*

EXEMPLE II. — Soit à lire le nombre 0,087, dont le dernier chiffre exprime des millièmes.
On dira : *0 unité, 87 millièmes.*

EXERCICES SUR LES PLANCHETTES

(1) Écrire en lettres le nombre 0,01.
(2) — 0,004.
(3) — 0,17.
(4) — 0,219.
(5) — 3,38.
(6) — 0,204.
(7) — 5,046.
(8) Écrire en chiffres le nombre quatre dixièmes.
(9) — trois unités quinze centièmes.
(10) — huit centièmes.
(11) — cinq unités trois millièmes.
(12) Combien y a-t-il de dixièmes dans 5,2 ?
(13) — centièmes dans 1,9 ?
(14) Si un chiffre exprime des mille, qu'exprime le chiffre placé à sa droite ?
(15) Qu'exprime le chiffre placé à la gauche des centièmes ?
(16) Un train express parcourt 60 kilomètres en 1 heure. Quelle distance parcourt-il en 1/2 heure, en 2 heures, en 4 heures ?
(17) Une maison de forme carrée a 34 mètres de longueur sur chaque face ; quelle longueur devrait avoir une ficelle qui pourrait en faire le tour ?
(18) Combien coûteront 2 douzaines d'assiettes à 0 fr. 10 pièce ?

(19) Que doit-on payer à un ouvrier pour 30 jours de travail à 4 francs par jour ?

(20) Un domestique gagne 300 francs par an. Combien doit-on lui donner pour 4 mois qu'il est resté placé ?

CALCUL MENTAL

(1) Nommer les nombres qui précèdent immédiatement les suivants : 30, 37, 45, 48, 59, 62, 73, 80.

(2) Une semaine vaut 7 jours ; combien valent de jours 2, 3, 4 semaines ?

(3) A 0 fr. 80 le kilo de viande, combien valent 2 kilos, 1/2 kilo, 1 kilo et demi, 2 kilos et demi ?

(4) J'ai reçu 0 fr. 25, puis 0 fr. 30, et enfin 0 fr. 45. Quelle somme m'a-t-on donnée en tout ?

(5) Que manque-t-il à 25 centièmes, à 30 ? à 40 ? à 60 ? à 80 centièmes pour égaler une unité ?

(6) Combien y a-t-il d'unités dans 10 dixièmes, 14 dixièmes ?

(7) Quelles sont les plus fortes unités dans un nombre de 3 chiffres ?

(8) Quelles sont les plus fortes unités dans un nombre de 5 chiffres ?

VINGT-SEPTIÈME LEÇON

Pour écrire les nombres décimaux, il est important de se rappeler que :

les *dixièmes* se placent au 1er rang à droite de la virgule
les *centièmes*   —   2°   —
les *millièmes*   —   3°   —

. . . .

Règle pour écrire un nombre décimal. — Pour écrire un nombre décimal, on écrit d'abord la partie entière, comme si elle devait être seule ; s'il n'y a pas de partie entière, on écrit zéro, puis, à la suite, on met une virgule. A droite de la virgule on écrit la partie décimale, comme un nombre entier, en ayant soin de placer le dernier chiffre décimal au rang qui lui convient.

EXEMPLE I. — Soit à écrire *deux unités cinq dixièmes* ; on écrira : 2,5.

EXEMPLE II. — Soit à écrire *quarante-sept centièmes* ; on écrira : 0,47.

EXEMPLE III. — Soit à écrire quatre unités trente-six millièmes ; on écrira : 4,036. Ici, on est obligé de mettre un zéro immédiatement à droite de la virgule, pour que le 6, qui doit exprimer des millièmes, occupe le rang qui lui convient, c'est-à-dire le troisième à partir de la virgule.

EXERCICES SUR LES PLANCHETTES

(1) Écrire en lettres le nombre 7,08.
(2) — 0,45.
(3) — 1,1.
(4) — 0,014.
(5) Écrire avec la virgule le nombre 2 unités 3 dixièmes.
(6) Écrire avec la virgule le nombre 11 unités 8 centièmes.
(7) Écrire avec la virgule le nombre 27 dixièmes.
(8) Écrire avec la virgule le nombre 928 centièmes.
(9) Écrire avec la virgule le nombre 5 centièmes.
(10) Écrire avec la virgule le nombre 49 millièmes.
(11) En 3 semaines de travail, un ouvrier a mis 60 francs de côté ; combien a-t-il économisé par semaine ?
(12) Avec 15 francs, combien aura-t-on de mètres de toile à 3 francs le mètre ?
(13) Si une mésange mange 50 chenilles par jour ; combien en mange-t-elle en un mois ?
(14) Une dame achète 8 mètres d'alpaga pour faire une robe ; l'étoffe coûte 5 francs le mètre et la confec-

tion de la robe, 18 francs ; on demande le prix total de la robe.

(15) Que manque-t-il pour faire 55 francs à chacune des sommes : 24 francs, 38 francs et 47 fr. 50 ?

CALCUL MENTAL

(1) Retrancher 2 de 24 autant de fois qu'il est possible.

(2) Pour payer 3000 francs, combien faudrait-il de billets de 1000 francs, de 100 francs, de pièces de 10 francs, de pièces de 1 franc ?

(3) Un général fait distribuer 3000 cartouches à 300 soldats. Quelle est la part de chaque soldat ?

(4) Jules a 8 ans ; quel âge aura-t-il dans 17 ans ?

(5) Une ménagère va au marché avec 25 francs ; elle revient avec 13 francs. Combien a-t-elle dépensé ?

(6) Une personne charitable donne 2 fr. 50 à chacun des 8 pauvres qu'elle va visiter. Quel est le montant de son aumône ?

(7) Combien y a-t-il de mille dans 170 centaines ?

(8)   —   —   1500 dizaines ?

VINGT-HUITIÈME LEÇON

Addition. — L'*addition* est une opération qui a pour but de réunir plusieurs nombres de même espèce en un seul, qu'on appelle *somme* ou *total*.

EXEMPLE I. — Un enfant possède 3 oranges ; on lui en donne encore 2 ; combien en a-t-il ? Il en a 5 ; c'est une *addition* qu'on fait pour obtenir le résultat.

EXEMPLE II. — Dans l'école, 20 élèves suivent le cours élémentaire, 20 le cours moyen et 18 le cours supérieur. Combien y a-t-il d'élèves en tout ?

ET DE GÉOMÉTRIE

Pour le savoir, il faut ajouter les 3 nombres 20, 20 et 18, ce qui donne 58. L'école possède 58 élèves.

Une addition s'indique par le signe + qui s'énonce *plus* et qu'on place entre les nombres à additionner.

Le signe = s'énonce *égal*.

EXERCICES SUR LES PLANCHETTES

(1) Dessiner sept barres ; au-dessous, en dessiner 5 ; combien en tout ?

(2) Dessiner neuf barres ; au-dessous, en dessiner 7 ; combien en tout ?

(3) Sur une première tranche, faire 6 barres ; sur une deuxième, 5 ; sur une troisième, 4. Combien en tout ?

(4) Dessiner le signe de l'addition.

(5) — le signe égal.

(6) Donner la somme suivante : 9 + 6.

(7) — — 13 + 5.

(8) — — 14 + 6.

(9) — — 15 + 8 + 1.

(10) — — 20 + 3 + 15.

(11) — — 100 + 15 + 3.

(12) — — 200 + 40 + 17.

(13) Louis a acheté une montre 35 francs, a versé 28 francs à la caisse d'épargne et il lui reste 9 francs. Combien avait-il ?

(14) Une personne née en 1810 est morte à l'âge de 60 ans ; quelle est l'année de sa mort ?

(15) Quelle somme faut-il pour acquitter trois factures : la première de 60 francs, la deuxième de 78 francs et la troisième de 85 francs ?

(16) Combien y a-t-il d'élèves dans une école composée de 4 classes ; la première a 49 élèves, la deuxième 55, la troisième 60 et la quatrième 62 ?

(17) Charlemagne est monté sur le trône en 768 et a régné 46 ans. En quelle année est-il mort ?

CALCUL MENTAL

(1) Dire combien de dixièmes, de centièmes, valent : 3 unités ; 4 unités 5 dixièmes ; 9 unités 17 centièmes ; 15 unités 4 centièmes ; 24 unités 72 centièmes.

(2) Si 5 mètres de drap valent 50 francs, quel est le prix de 20 mètres ?

(3) De quelles parties décimales le zéro tient-il la place dans les nombres décimaux : 2,04, 3,405, 9,008, 12,037 ?

(4) Si je possédais 9 fr. 50 de plus, je pourrais payer une dette de 25 francs. Combien ai-je ?

(5) Henri, qui avait 15 francs, reçoit 20 francs de son grand'père et donne 8 francs à sa sœur Lucie. Combien lui reste-t-il ?

(6) Combien valent 12 chemises à 7 francs l'une ?

(7) Combien font 4 fois 30 ? 7 fois 50 ? 8 fois 11 ?

VINGT-NEUVIÈME LEÇON

ADDITION DES NOMBRES ENTIERS

Ajouter un nombre d'un seul chiffre à un nombre d'un seul chiffre.

EXEMPLE. — Soit à ajouter 3 à 5.

Ajouter 3 à 5, c'est ajouter à 5, une à une, toutes les unités du nombre 3. En procédant ainsi, on dirait : 5 et 1 font 6 ; 6 et 1 font 7 ; 7 et 1 font 8. On a ajouté au nombre 5 les 3 unités du nombre 3.

La somme est 8.

Ce n'est pas ainsi que l'on opère dans la pratique. Pour aller plus vite il faut connaître par cœur les résultats obtenus en ajoutant l'un à l'autre deux nombres quelconques d'un seul chiffre. Nous trouvons ces résultats dans la *table d'addition*.

Table d'addition.

1 et 1 font 2	1 et 2 font 3	1 et 3 font 4
2 et 1 — 3	2 et 2 — 4	2 et 3 — 5
3 et 1 — 4	3 et 2 — 5	3 et 3 — 6
4 et 1 — 5	4 et 2 — 6	4 et 3 — 7
5 et 1 — 6	5 et 2 — 7	5 et 3 — 8
6 et 1 — 7	6 et 2 — 8	6 et 3 — 9
7 et 1 — 8	7 et 2 — 9	7 et 3 — 10
8 et 1 — 9	8 et 2 — 10	8 et 3 — 11
9 et 1 — 10	9 et 2 — 11	9 et 3 — 12
1 et 4 font 5	1 et 5 font 6	1 et 6 font 7
2 et 4 — 6	2 et 5 — 7	2 et 6 — 8
3 et 4 — 7	3 et 5 — 8	3 et 6 — 9
4 et 4 — 8	4 et 5 — 9	4 et 6 — 10
5 et 4 — 9	5 et 5 — 10	5 et 6 — 11
6 et 4 — 10	6 et 5 — 11	6 et 6 — 12
7 et 4 — 11	7 et 5 — 12	7 et 6 — 13
8 et 4 — 12	8 et 5 — 13	8 et 6 — 14
9 et 4 — 13	9 et 5 — 14	9 et 6 — 15
1 et 7 font 8	1 et 8 font 9	1 et 9 font 10
2 et 7 — 9	2 et 8 — 10	2 et 9 — 11
3 et 7 — 10	3 et 8 — 11	3 et 9 — 12
4 et 7 — 11	4 et 8 — 12	4 et 9 — 13
5 et 7 — 12	5 et 8 — 13	5 et 9 — 14
6 et 7 — 13	6 et 8 — 14	6 et 9 — 15
7 et 7 — 14	7 et 8 — 15	7 et 9 — 16
8 et 7 — 15	8 et 8 — 16	8 et 9 — 17
9 et 7 — 16	9 et 8 — 17	9 et 9 — 18

EXERCICES SUR LES PLANCHETTES

Faire la table d'addition (1)

(1) Il n'y a point d'autres exercices à donner, car il faudra toute la leçon pour faire faire aux élèves la table d'addition.

TRENTIÈME LEÇON

Addition des nombres quelconques. — Pour additionner plusieurs nombres entiers, on les écrit les uns sous les autres de manière que les unités soient sous les unités, les dizaines sous les dizaines, les centaines sous les centaines, etc. On tire un trait au-dessous du dernier nombre.

On fait ensuite la somme des unités, puis celle des dizaines, puis celle des centaines, etc. Si ces différentes sommes ne dépassent pas 9, on les écrit telles qu'on les trouve. Si elles surpassent 9, on n'écrit que les unités de l'ordre et l'on retient les dizaines pour les ajouter à la colonne qui est immédiatement à gauche. On continue ainsi jusqu'à la dernière colonne, sous laquelle on écrit le résultat tel qu'on le trouve (1).

EXERCICES SUR LES PLANCHETTES

(1)   74 +   56 + 13.
(2)   540 +   18 + 72.
(3)   617 +   193 + 64.
(4)   703 + 3015 + 895.
(5) 5189 +   716 + 43 + 817.

(6) Un bijoutier vend 800 francs un objet qui lui coûtait 550 francs. Que gagne-t-il?

(7) J'ai acheté une maison 15 000 francs. J'y fais faire pour 1000 francs de réparations. Combien dois-je la vendre pour gagner 1500 francs?

(8) On a acheté un vêtement complet à un enfant. Le pantalon a coûté 14 francs, le gilet 8 francs, le veston autant que le pantalon et le gilet; le chapeau 7 francs et

---

(1) Il est utile de donner aux élèves l'habitude de prononcer le moins de mots possible en additionnant. Ainsi, dans le cas de l'addition 8 + 7 + 6 + 9 il faut dire : 8 et 7 — 15, et 6 — 21 et 9 — 30.

Il faut aussi leur recommander de bien former les chiffres.

les souliers 11 francs. Combien a-t-on dépensé pour cet enfant ?

(9) Le toit d'une maison est recouvert de tuiles qui sont disposées par rangées de 75 ; combien y a-t-il de tuiles dans 9 rangées ?

(10) Mon père a acheté une table 30 francs, une armoire 45 francs de plus, et un lit le double de l'armoire. Que dépense-t-il ?

CALCUL MENTAL

(1) Compter de 50 en 50, jusqu'à 1000, puis retrancher 50 et 100 de 1000 autant de fois qu'il est possible.

(2) Si un are de terrain vaut 60 francs, que valent 10 ares, 20 ares, 50 ares ?

(3) Des élèves se mettent en rang 4 par 4 ; ils forment 10 rangs : combien sont-ils ?

(4) Pour payer un cheval, je donne 50 pièces de 10 francs et 2 billets de 100 francs. Que coûte le cheval ?

(5) Trois personnes forment une société ; la première met 8000 francs, la deuxième 5000 francs, la troisième 7000 francs. Quel est le capital social ?

(6) Une personne qui devait 300 francs a payé 80 francs. Que doit-elle encore ?

(7) Louis donne une pièce de 5 francs à l'épicier pour payer une livre de café qui coûte 2 fr. 80. Combien celui-ci doit-il lui rendre ?

(8) Quel nom donne-t-on à 30 dizaines ?

(9) — — 90 centaines ?

(10) Combien y a-t-il de dizaines dans 6000 ?

TRENTE ET UNIÈME LEÇON
ADDITION DES NOMBRES DÉCIMAUX

L'addition des nombres décimaux se fait comme celle des nombres entiers. On écrit les nombres les uns au dessous des autres, de manière que les unités soient sous les unités, les dixièmes sous les dixièmes, les centièmes sous les centièmes, etc. et l'on souligne. Puis, commençant l'opération par la droite, on opère comme pour les nombres entiers et l'on place au résultat une virgule après le chiffre des unités.

EXERCICES SUR LES PLANCHETTES

(1) 37+8,5+9,58.
(2) 7,9+0,86+45,67+13.
(3) 26,7+42,78+3,9+115.
(4) 8,5+34,65+165+92,7+0,85.
(5) 0,847+3,8+1,5+0,049+217.

(6) Une ménagère a dépensé au marché pour 2 fr. 35 de viande, 0 fr. 60 de fruits et 1 fr. 15 de légumes. Combien a-t-elle dépensé en tout?

(7) Un écolier apporte pendant une semaine pour la caisse d'épargne : le lundi 1 fr. 20, le mardi 0 fr. 40, le mercredi 0 fr. 15, le vendredi 0 fr. 55 et le samedi 0 fr. 25. Combien a-t-il versé?

(8) Il y a de Paris à Lyon 512 kilomètres et 352 kilomètres de Lyon à Marseille. Quelle est la distance de Paris à Marseille?

(9) J'envoie ma domestique porter des œufs au marché; elle en casse 8 en route, en vend 6 douzaines et en rapporte 16. Combien en avait-elle en partant?

(10) Un cultivateur achète une voiture 385 francs, une charrue 38 francs et différents instruments aratoires pour la somme de 89 fr. 95. Trouver le montant de sa dépense.

CALCUL MENTAL (1)

(1) Combien faut-il ajouter au nombre 168 pour avoir deux centaines?

---

(1) Les exercices de calcul mental doivent se faire le plus possible à l'aide de la planchette, pour que tous les élèves soient obligés de répondre.

ET DE GÉOMÉTRIE 59

(2) Combien a-t-on de dizaines en ajoutant 6 à 104?
(3) Combien y a-t-il de dizaines dans 38, dans 82, dans 108, dans 415, dans 534, dans 729?
(4) Quelle est la différence des nombres 80 et 50; 69 et 39?
(5) Il y a dans une volière : 9 chardonnerets, 8 serins et 12 pinsons; combien d'oiseaux en tout?
(6) Un marchand de volailles a acheté 3 douzaines de pigeons à 1 franc la pièce. Que doit-il?
(7) Un domestique qui gagne 40 francs par mois est resté 5 mois dans une maison. Combien lui donnera-t-on?
(8) Un franc pèse 5 grammes; que pèsent 20 francs? 30 francs? 40 francs? 50 francs?
(9) Combien y a-t-il de dixièmes dans 4,35?
(10) Quelle est la moitié de 100?
(11) Quel est le quart de 100?
(12) Combien y a-t-il de pièces de 10 francs dans 200 francs?

TRENTE-DEUXIÈME LEÇON

Preuve d'une opération. — On appelle *preuve* d'une *opération* une *seconde opération* faite pour s'assurer de l'exactitude de la première.

Preuve de l'addition. — On vérifie une addition en la faisant de nouveau, mais en sens inverse, c'est-à-dire en comptant de bas en haut, si la première fois on a compté de haut en bas. Le résultat de cette deuxième addition doit être égal à celui de la première.

EXEMPLE. — Soit l'addition ci-jointe, qui a été faite une première fois en additionnant chaque colonne de haut en bas, et qui a donné pour résultat le nombre 1640.

```
  68
 729
 843
————
1640
```

Additionnant de bas en haut pour faire la preuve, on dira :

1re *colonne :* 3 et 9, 12, et 8, 20; on écrit 0 et on retient 2 ;

2e *colonne :* 2 de retenue et 4, 6 ; et 2, 8 ; et 6, 14 ; on écrit 4 et on retient 1 ; et ainsi de suite.

Le résultat étant encore 1640, on en conclut que l'opération est exacte.

EXERCICES SUR LES PLANCHETTES

Faire les additions suivantes et en faire la preuve :
(1) 475 + 809 + 946 + 78.
(2) 98 + 876 + 1040 + 203.
(3) 5248 + 107 + 89 + 208 + 17.
(4) 47,8 + 5,89 + 0,478.
(5) 12 7000 + 18 500 + 4382 + 379.
(6) De Paris à Dijon, il y a 304 kilomètres ; de Dijon à Lyon, 208 kilomètres. Quelle est la distance de Paris à Lyon ?
(7) Dans une famille, le père gagne 125 francs par mois, la mère 65 francs et l'aîné des enfants 40 francs. Combien cette famille peut-elle dépenser par mois ?
(8) Un jardinier vend 60 artichauts à 1 fr. 50 la douzaine. Que retire-t-il de la vente ? Combien lui reste-t-il, s'il dépense 5 francs ?
(9) Je dois 26 fr. 50 au boulanger, 13 fr. 25 au boucher, 6 fr. 95 à l'épicier et 18 francs au cordonnier. Quelle somme me faut-il pour payer ces dettes ?
(10) J'ai fait bâtir une maison. Je paie 5000 francs au maçon, 1575 francs au charpentier, 2300 francs au menuisier et 525 francs au couvreur. Qu'ai-je donné en tout ?

CALCUL MENTAL

(1) Combien faut-il ajouter à 182 pour avoir 20 dizaines ?

(2) Combien manque-t-il à 24 pour égaler 35 ? 38 ? 45 ? 49 ? 54 ?

(3) Dire les résultats successifs obtenus en ajoutant

9 francs à chacune des sommes : 56 francs, 75 francs, 86 francs et 97 francs.

(4) J'ai échangé du vin valant 25 francs contre du drap valant 37 francs. Que redois-je ?

(5) J'ai dépensé 1 fr. 25 pour mon déjeuner et 2 fr. 35 pour mon dîner. Combien ai-je dépensé en tout ?

(6) Une bouteille contenait 2^l,40 de vin ; on achève de la remplir avec 1^l,50 d'eau. Quelle est la capacité de cette bouteille ?

(7) Combien faut-il ajouter à 8 dizaines pour obtenir cent ?

(8) La colonne Vendôme a 45 mètres de hauteur et la colonne de Juillet en a 43. De combien la première est-elle plus haute que la seconde ?

(9) La hauteur de la flèche des Invalides est de 108 mètres ; celle des tours Notre-Dame est de 68 mètres. Combien manque-t-il à ces tours pour atteindre la hauteur de la flèche des Invalides ?

TRENTE-TROISIÈME LEÇON

SYSTÈME MÉTRIQUE

On appelle *système métrique* l'ensemble des mesures déduites du *mètre*.

Le système métrique comprend *huit* unités de mesures qui sont :

le *mètre*, pour les longueurs, en abrégé, m
le *mètre carré*, pour les surfaces, — mq
l'*are*, pour la surface des champs, — a
le *mètre cube*, pour les volumes, — mc
le *stère*, pour les bois de chauffage, — s
le *litre*, pour les capacités, — l
le *gramme*, pour les poids, — g
le *franc*, pour les monnaies, — f

LANG. C. élém. Élève. 4

EXERCICES SUR LES PLANCHETTES

(1) $17^m,8 + 4^m,50 + 8^m,75$
(2) $23^l,6 + 700^l + 80^l,9$
(3) $250^{gr},4 + 83^{gr} + 745^{gr} + 8^{gr},57$
(4) $280^{fr},75 + 790^{fr} + 67^{fr},15 + 98^{fr}$

Écrire le nombre 74.

(5) Quel nombre obtient-on en plaçant un zéro à sa droite?

(6) Qu'exprime le 4 dans le nombre 74?

(7) Qu'exprime-t-il dans le nouveau nombre?

(8) Combien vaut-il de fois plus?

(9) Mêmes questions pour le chiffre 7.

Déduire de là que lorsqu'on place un zéro à la droite d'un nombre entier, il est rendu 10 fois plus grand.

(10) Quelle unité emploie-t-on pour mesurer la longueur d'une table?

(11) Quelle unité emploie-t-on pour mesurer la contenance d'un tonneau?

(12) Il y a dans un verger 45 pommiers, 38 poiriers, 25 cerisiers, 19 pruniers, 13 pêchers et 16 abricotiers. Combien y a-t-il d'arbres fruitiers?

(13) Un particulier dépense chaque année 1576 francs et économise 450 francs. A combien s'élève son revenu annuel?

(14) Une marchandise a coûté 9348 francs. Combien faut-il la revendre pour gagner 595 francs?

(15) En revendant une vigne 7300 francs, on perd 540 francs. Combien faudrait-il la revendre pour gagner 375 francs?

(16) Un ménage met 40 francs de côté par mois. De quelle somme peut-il disposer à la fin de l'année, sachant qu'il avait précédemment 1050 francs?

CALCUL MENTAL

(1) Dire quelles unités exprime le chiffre 8 dans les nombres 518; 781; 854; 2085.

(2) Dire quelles unités les zéros représentent dans les nombres 302; 420; 500; 309.

(3) Dire combien il reste en retranchant 50 de 200; 40 de 150; 30 de 120; 20 de 90; 20 de 75; 10 de 34.

(4) Dire combien font : 15 mètres et 20 mètres, 30 litres et 12 litres, 16 grammes et 40 grammes, 60 francs et 17 francs.

(5) Quelle somme faut-il débourser pour payer deux paires de bottines à 16 fr. 75 la paire?

(6) J'ai parcouru 30 kilomètres, et il me reste encore 13^{km},5 à parcourir; quelle longueur de chemin avais-je à faire?

TRENTE-QUATRIÈME LEÇON

Le *mètre* est l'unité. C'est la dix-millionième partie du quart du méridien terrestre (1).

Le mètre a généralement la forme d'une règle; mais on fait aussi des mètres pliants en bois, en corne et en cuivre, et des mètres à ruban.

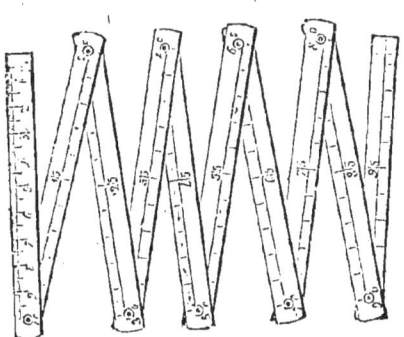
Mètre pliant.

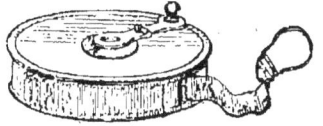
Roulette à ruban.

(1) Le méridien terrestre est le tour de la terre en passant par les pôles.

EXERCICES SUR LES PLANCHETTES

Le mètre sert à mesurer les longueurs, comme celles d'une étoffe, d'une table, la hauteur d'une maison, etc.

(1) A quel rang place-t-on les dizaines de mille?

(2) Combien faut-il de centièmes de mètre pour faire un mètre?

(3) Écrire en abrégé « mètre ».

(4) Écrire en chiffres 7 millions 5 mille.

(5) Écrire en lettres 300 090.

(6) $75,8 + 9,32 + 3,4$.

(7) $3,52 + 137 + 14,7$.

(8) $7,09 + 0,085 + 12 + 0,7$.

(9) $8,57 + 192,3 + 17,56 + 0,985$.

(10) $0,085 + 0,9 + 0,748 + 37,569$

(11) Jacques a un pré qui lui rend 680 francs par an et une maison qui est louée 365 francs. Quel est son revenu annuel?

(12) Je suis né en 1864; en quelle année aurai-je 55 ans?

(13) Trois pièces d'étoffe contiennent : la première 145 mètres, la deuxième $130^m,25$ et la troisième $92^m,75$. Combien contiennent-elles de mètres en tout?

(14) Un fermier, qui avait acheté une vache 475 francs, l'échange contre une autre en donnant 70 fr. 50 de retour. A combien lui revient la dernière vache?

(15) Un père de famille a placé à la caisse d'épargne, d'abord 28 francs, puis 34 francs, puis 25 francs et enfin 10 francs. Combien a-t-il à la caisse d'épargne?

CALCUL MENTAL

(1) Compter de 2 en 2, de 2 à 100, et faire l'exercice inverse.

(2) Compter de 4 en 4, jusqu'à 100, et faire l'exercice inverse.

(3) Quelle place occupent dans un nombre les centaines d'unités simples?

(4) Combien la classe des mille renferme-t-elle d'ordres?

(5) Les nommer et dire leurs places.

(6) A 10 francs le mètre d'étoffe, combien valent 2 mètres, 5 mètres, 7 mètres, 3 m. 1/2, 5 m. 1/2?

(7) Que faut-il retrancher de 16 pour avoir 11?

(8) Un enfant fait des pas d'un demi-mètre; combien doit-il en faire pour parcourir 10 mètres?

TRENTE-CINQUIÈME LEÇON

On appelle *multiples* les unités qui sont dix, cent, mille fois *plus grandes* que l'unité principale, et *sous-multiples* celles qui sont dix, cent, mille fois *plus petites* que l'unité principale.

Les multiples s'expriment à l'aide des mots :

déca, qui signifie 10
hecto, — 100
kilo, — 1000

Les sous-multiples s'expriment à l'aide des mots :

déci, qui signifie *dixième*, 0,1
centi, — *centième*, 0,01
milli, — *millième*, 0,001

Ces mots se placent devant le nom de l'unité principale.

EXERCICES SUR LES PLANCHETTES

(1) Écrire en lettres 14 000 francs.
(2) — 22 500 soldats.
(3) — 45 000 moutons.
(4) Que signifie le mot hecto?
(5) — déci?
(6) — kilo?

4.

(7) Écrire le mot déca devant le mot mètre et dire la grandeur de l'unité.

(8) Écrire le mot kilo devant le mot mètre et dire la grandeur de l'unité.

(9) Écrire le mot hecto devant le mot litre et dire la grandeur de l'unité.

(10) Écrire le mot déci devant le mot gramme et dire la grandeur de l'unité.

(11) Combien faut-il revendre un canapé qui revient à 225 fr. 75 pour gagner 13 fr. 50?

(12) Quel est le revenu d'une maison qui a 4 locataires, dont le premier paie 457 francs, le deuxième 436 francs, le troisième 395 francs et le quatrième 350 francs?

(13) Une maison a été payée 40 875 francs; les frais d'achat se sont élevés à 3745 fr. 80 et l'on y fait faire pour 1400 francs de réparations. A combien revient la maison?

(14) Pendant les 3 premiers mois de l'année, les dépenses d'un ménage ont été de 149 fr. 50, 147 fr. 80 et 138 fr. 85. Quelle est la dépense pour ce trimestre?

(15) Un épicier a acheté 282 kilos de sucre pour 285 fr. 70, puis 78^k,45 pour 81 fr. 25. Combien a-t-il acheté de kilos de sucre et pour quelle somme?

CALCUL MENTAL

(1) Compter de 3 en 3 jusqu'à 100, de 2 en 2 de 100 à 200, et faire l'exercice inverse.

(2) Décomposer en centaines, dizaines et unités de chaque classe les nombres suivants : quatre mille quatre-vingts plumes ; cinquante-six mille huit cent trois francs ; cent deux mille huit unités.

(3) Combien de mètres dans 5 doubles-mètres, 14 décimètres, 30 décimètres, 400 centimètres?

(4) A 5 francs le mètre, combien le décamètre, le demi-décamètre?

(5) Combien y a-t-il de décamètres dans 8 kilomètres?

(6) Combien ferait-on de mètres avec quatre cents

centièmes de mètres? de litres avec trois cents centièmes de litres?

(7) Une pomme est partagée en 12 parties égales; j'en prends 5; combien en reste-t-il?

(8) Combien y a-t-il de millimètres dans un mètre?

(9) Comment s'appelle une longueur de 10 centimètres?

TRENTE-SIXIÈME LEÇON

Les multiples du mètre sont :

le *décamètre*,	qui vaut 10 mètres
l'*hectomètre*,	— 100 —
le *kilomètre*,	— 1000 —

Les sous-multiples du mètre sont :

le *décimètre*,	qui vaut $0^m,1$
le *centimètre*,	— $0^m,01$
le *millimètre*,	— $0^m,001$

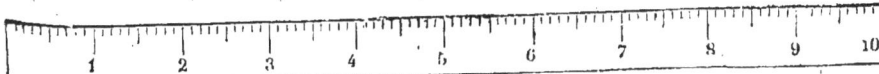

Décimètre.

Quand l'unité d'un nombre est le *mètre*, le 1ᵉʳ chiffre décimal représente les décimètres, le 2ᵉ les centimètres et le 3ᵉ les millimètres.

EXERCICES SUR LES PLANCHETTES

(1) Combien y a-t-il de centimètres dans un décimètre?
(2) — millimètres dans un centimètre?
(3) — millimètres dans un décimètre?
(4) — mètres dans un décamètre?
(5) — — kilomètre?
(6) — d'hectomètres dans un kilom.?

(7) Écrire, en prenant le mètre pour unité, 126 décim.
(8) — 8 décim.
(9) — 9 décam.
(10) — 5 hectom.
(11) — 4 kilom.

(12) Un panier contient 80 œufs ; on en vend 30 et on en casse une demi-douzaine. Combien en reste-t-il ?

(13) Un cheval, qui a coûté 1200 francs, a été revendu avec un bénéfice de 296 francs. Quel est le prix de vente ?

(14) D'une pièce de vin de 228 litres, on a tiré une première fois 24 litres et une deuxième fois 83. Combien reste-t-il de litres, de décalitres, d'hectolitres ?

(15) Un propriétaire a récolté pour 2452 francs de vin, 1148 fr. 70 de froment, 465 francs de luzerne et pour 120 fr. 75 de fruits. Quel est le montant de sa récolte ?

(16) Le robinet d'un tonneau de vin fournit 8 litres par minute ; en le laissant ouvert pendant 1 heure et 15 minutes, le tonneau serait entièrement vide. On demande la capacité de ce fût.

CALCUL MENTAL

(1) Combien 120 centimètres font-ils de décimètres ?
(2) Combien y a-t-il de centimètres dans $7^m,003$?
(3) Nommer les nombres 2 fois plus forts que les suivants : 15, 18, 20, 21, 23, 25, 27, 34, 36, 39, 44, 50, 52, 57, 61, 64.
(4) Combien de mètres valent 3 décamètres ? 6 hectomètres ? 9 kilomètres ? 3 hectomètres et 5 décamètres ? 2 kilomètres et 3 hectomètres ? 1 kilomètre et 6 décamètres ?
(5) Combien y a-t-il de décimètres, de centimètres, de millimètres dans un double-mètre ?
(6) A 75 centimes le demi-mètre de toile, combien le mètre ? le double mètre ?
(7) Combien y a-t-il de décimètres dans $3^m,5$?

(8) Combien faut-il de pièces de 2 francs pour payer une somme composée de 6 pièces de 10 francs ?

(9) Il me manque 33 francs pour payer une dette de 145 francs. Quelle somme ai-je ?

(10) Comment appelle-t-on la millième partie du mètre ?

TRENTE-SEPTIÈME LEÇON

Tableau des mesures de longueur, de leurs signes abréviatifs et des nombres indiquant ce que vaut chaque mesure comparée à l'unité principale.

MESURES	SIGNES ABRÉVIATIFS	VALEURS COMPARÉES AU MÈTRE
Myriamètre........	Mm.	10000
Kilomètre.........	Km.	1000
Hectomètre........	Hm.	100
Décamètre.........	Dm.	10
Mètre............	m.	1
Décimètre.........	dm.	0,1
Centimètre	cm.	0,01
Millimètre........	mm.	0,001

Pour mesurer la distance d'une ville à une autre, on prend le kilomètre pour unité de mesure. Sur les grandes routes, chaque kilomètre est indiqué par une borne dite *kilométrique.*

On convertit les unités de longueur d'un certain ordre en unités de longueur d'un autre ordre en rendant le nombre donné 10, 100, 1000 fois plus grand ou plus petit.

EXERCICES SUR LES PLANCHETTES

Écrire le nombre vingt-sept mètres.
(1) Placer deux zéros à la droite.
(2) Qu'exprime le 7 dans le nouveau nombre ?
(3) — 2 — ?
(4) Combien le nouveau nombre est-il de fois plus grand que le premier ?
(5) Comment rend-on un nombre 10, 100, 1000 fois plus grand ?
(6) Convertir 7 Dm. en mètres.
(7) — 8 Hm. —
(8) — 4 Km.5 —
(9) — 3 m. en dm.
(10) — 5 m.8 en cm.
(11) Quelle unité emploiera-t-on pour exprimer la longueur de la cour ? d'un cahier ? d'un porte-plume ? de la Seine ? d'un chemin de fer ?
(12) Combien le méridien terrestre vaut-il de mètres ?
(13) Pour faire un costume, on emploie $1^m,25$ pour le pantalon, $1^m,95$ pour la redingote et $0^m,75$ pour le gilet. Combien faut-il d'étoffe ?
(14) Une personne est née en 1871 ; en quelle année aura-t-elle 75 ans ?
(15) Je me suis libéré de 7458 francs et je dois encore 4518 francs. Quel était le montant de mes dettes ?
(16) Une couturière achète dans un magasin de la soie pour 1 fr. 50, du fil pour 1 fr. 25, des aiguilles pour 0 fr. 40, et du coton pour 0 fr. 80. Sa facture payée, il lui reste 1 fr. 05. Combien avait-elle d'argent ?
(17) Un fermier vend pour 984 francs de blé, 755 francs d'avoine, et 78 francs de pommes de terre. Il consacre le produit de cette vente à l'acquisition d'une terre qui lui coûte 2700 francs. Quelle somme lui manque-t-il pour payer cette terre ?

CALCUL MENTAL

(1) Que vaut de décimètres chacune des quantités suivantes : 6 décamètres ; 3 hectomètres ; 4 kilomètres ?

(2) Combien y a-t-il de décamètres dans 845 mètres ? dans 6582 mètres ? dans 8937 décimètres ?

(3) La distance de deux villages est 4672 m. 5. Quelle est cette distance exprimée en kilomètres ? en hectomètres ?

(4) Combien valent 78 mètres d'étoffe à 10 francs l'un ?

(5) Quelle est la longueur du tour de la terre exprimée en Km. ? en Hm. ?

(6) Une douzaine de crayons coûte 0 fr. 45. Que gagne-t-on sur 2 douzaines en vendant ces crayons 5 centimes la pièce ?

(7) Quelle quantité d'eau faut-il ajouter à 73 litres de vin pour obtenir un hectolitre de mélange ?

(8) Le mètre étant pris pour unité, à quel rang sont placés les Dm. ? les dm. ?

TRENTE-HUITIÈME LEÇON

On appelle *nombres pairs* tous les nombres de 2 en 2 à partir de 0, tels que 2, 4, 6, 8, 10, 12, 14, etc.

On appelle *nombres impairs* tous les nombres de 2 en 2 à partir de 1, tels que 1, 3, 5, 7, 9, 11, 13, etc.

EXERCICES SUR LES PLANCHETTES

(1) Écrire les nombres pairs de 40 à 50.
(2) — 120 à 140.
(3) Écrire les nombres impairs entre 60 et 80.
(4) Écrire le nombre 54,7 et l'énoncer.

Écrire le même nombre en avançant la virgule d'un rang vers la gauche.

(5) Dans le nouveau nombre, dire à quel rang se trouve le 7.

(6) Dans le nouveau nombre, dire à quel rang se trouve le 4.

(7) Dans le nouveau nombre, dire à quel rang se trouve le 5.

(8) Dire combien chaque partie du nouveau nombre est devenue de fois plus petite.

Conclure que lorsqu'on avance la virgule d'un rang vers la gauche, le nombre devient 10 fois plus petit.

(9) Rendre le nombre 578,9 100 fois plus petit.
(10) Convertir 43 Km. 5 en m.
(11)   37 Hm. en m.
(12)   5 Dm. 5 en dm.
(13)   63 dm. en m.
(14)   3 Km. 07 en dm.

(15) Exprimer 5 décimètres en prenant le mètre pour unité.

(16) Quel est le total de la dépense faite par une personne qui achète pour 1852 francs de meubles, pour 885 francs de linge et pour 435 fr. 85 de provisions?

(17) Si l'on veut gagner 474 francs sur un pré qui a coûté 6855 francs, quel prix faut-il le revendre?

(18) Combien une école a-t-elle d'élèves, si la 1re classe en compte 39, la 2me 52, la 3me 53, la 4me 58, la 5me 56 et la 6me 61?

(19) Un marchand vend pour 204 francs de drap, puis pour 142 francs de toile, ensuite pour 31 fr. 75 de doublure. Quelle somme reçoit-il en tout?

(20) Dans une chambre à coucher, il y a un lit estimé 225 francs, une armoire valant 285 francs, une table de toilette estimée 165 francs et 4 chaises valant 8 fr. 50 l'une. On demande la valeur de ce mobilier.

CALCUL MENTAL

(1) Faire exprimer des centaines au chiffre 4; des dizaines au chiffre 7; des mille au chiffre 5.

(2) Dire combien les nombres 35; 67; 88; 243 et 29 contiennent de dizaines et d'unités.

(3) Quel nombre forme-t-on avec 49 dizaines et 7 unités? 5 centaines, 2 dizaines et 4 unités? 9 unités, 4 dixièmes et 5 centièmes?

(4) Une classe compte 54 élèves: 7 sont absents. Combien y en a-t-il de présents?

(5) Dire si les nombres suivants sont pairs ou impairs : 3, 9, 7, 8, 12, 15, 22, 28, 27, 34, 6, 16...

(6) Quel est le nombre qui, additionné avec 5, donne 7 ? 9 ? 19 ? 37 ? 43 ?

(7) Transformer 5 francs en décimes et 9 fr. 50 en centimes.

TRENTE-NEUVIÈME LEÇON

SOUSTRACTION

EXEMPLE I. — *Un enfant a 5 billes dans la main droite et 3 dans la main gauche; combien la main droite en contient-elle de plus que la gauche ?*

Évidemment, pour connaître le résultat, il faut chercher ce qui reste en enlevant à 5 le nombre 3, ou, ce qui revient au même, chercher le nombre qu'il faut ajouter à 3 pour trouver 5. Ce nombre est 2.

EXEMPLE II. — *Dans notre école, il y a 35 élèves qui suivent le cours élémentaire et 30 qui suivent le cours moyen. Combien y a-t-il d'élèves de plus dans le cours élémentaire que dans le cours moyen ?*

Pour connaître le résultat, il faut ôter de 35 le

nombre 30, ou, ce qui revient au même, trouver le nombre qui, ajouté à 30, donnerait 35. Ce nombre est 5.

Définition de la soustraction. — La *soustraction* est une opération qui a pour but, étant donnés deux nombres de même espèce, de trouver de combien le plus grand surpasse le plus petit.

Le résultat s'appelle *reste*, *excès*, ou *différence*.

Signe. — On indique une soustraction en plaçant le plus petit nombre à droite du plus grand, et en les séparant par le signe — qu'on énonce *moins*. Ainsi, pour indiquer qu'il faut retrancher 3 de 5, on écrira 5—3, qui se lit 5 *moins* 3.

EXERCICES SUR LES PLANCHETTES

(1) Rendre le nombre 49   100 fois plus grand.
(2)   —   7,5   10   —
(3)   —   8   1000   —
(4)   —   70   10 fois plus petit.
(5)   —   300   100   —
(6) Rendre le nombre 71   10 fois plus petit.
(7)   —   71   100   —
(8) Exprimer en Dm. 57 mètres.
(9)   —   48 décimètres.
(10)   —   Hm. 14 kilomètres.
(11)   —   Km. 7 hectomètres.
(12) De combien 100 surpasse-t-il 60 ?
(13)   —   50   —   35 ?
(14)   —   6 Km   —   3 Km,5 ?

(15) On a coupé 13 mètres à une pièce d'étoffe qui contient encore 11^m,85. Quelle était la longueur de la pièce ?

(16) On a versé 88 litres de vin dans un fût qui peut en contenir 106. Combien faut-il encore de litres pour le remplir ?

(17) Marie a quinze ans de moins que son frère Henri, qui a 28 ans. Quel est l'âge de Marie ?

(18) On revend 168 francs un buffet qui avait coûté 135 francs. Quel bénéfice a-t-on fait?

(19) À 1 franc le mètre, que valent ensemble trois pièces de calicot, l'une de 37^m,50, l'autre de 24^m,50 et la troisième de 17 mètres?

CALCUL MENTAL

(1) Combien font 5 ares et 17 ares?
(2) — 8 hectares et 37 hectares?
(3) Un pêcher avait 25 pêches; 8 sont tombées à terre. Combien en reste-t-il sur l'arbre?
(4) Si 7 mètres d'étoffe valent 14 francs, quel est le prix de 3, 6, 8, 10 mètres?
(5) Combien 15 mètres, 54 mètres, 20^m,08, 44^m,94 font-ils de centimètres?
(6) Combien y a-t-il de jours dans trois semaines et cinq jours?
(7) Combien faut-il de seaux de 10 litres pour remplir un tonneau contenant un hectolitre?
(8) Combien font 90—40? 34—20? 78—30? 580—50?
(9) On m'a prêté 5 francs et j'ai maintenant 12 fr. 50. Combien avais-je d'abord?
(10) Compter par soustraction de 3 en 3, de 100 à 1.

QUARANTIÈME LEÇON.

Nous distinguerons deux cas dans la soustraction.

1er cas. — *Tous les chiffres du plus petit nombre sont plus petits que les chiffres du même rang dans le plus grand nombre.*

Règle. — On écrit le plus petit nombre sous le plus grand, de manière que les unités se trouvent sous les unités, les dizaines sous les dizaines, etc. On tire un trait sous le plus petit et on soustrait chaque chiffre inférieur de celui qui se trouve au-dessus de lui. On écrit le résultat au-dessous.

Exemple. — Soit à retrancher 215 de 647.

Plus grand nombre 647
Plus petit nombre 215
Différence 432

A 5 unités, il faut en ajouter 2 pour en avoir 7 ; donc, 5 ôtés de 7, reste 2 ; on écrit 2.

A 1 dizaine il faut en ajouter 3 pour en avoir 4 ; on écrit 3.

A 2 centaines, il faut en ajouter 4 pour en avoir 6 ; on écrit 4.

La *différence*, ou le *reste* est 432.

EXERCICES SUR LES PLANCHETTES.

Écrire le nombre 7,5.

(1) Quel nombre obtient-on en avançant la virgule de deux rangs vers la gauche ?

(2) Quel est le rang qu'occupe le 7 dans le nouveau nombre ?

(3) Combien est-il devenu de fois plus petit ?

(4) Même exercice sur 5.

Conclure que lorsqu'on avance la virgule de deux rangs vers la gauche, le nombre devient 100 fois plus petit.

(5) Rendre le nombre 0,9 10 fois plus petit.
(6)   —   7,04 100 fois   —
(7) Exprimer en 11m 35 Dm.
(8)   —   815 m.
(9) 768-503.
(10) 8547-5123.

(11) Si j'avais 35 francs de plus, je pourrais payer une dette de 80 francs. Combien ai-je ?

(12) Si une personne retire 85 francs de la caisse d'épargne, où elle avait 498 francs, combien lui reste-t-il ?

(13) On fait diminuer de 18 francs une facture qui s'élevait à 1239 francs. Combien faut-il payer ?

(14) Léon a acheté une maison 25 500 francs et l'a revendue 28 700 francs. Combien a-t-il gagné ?

(15) Louis XIV est monté sur le trône en 1643 et est mort en 1715. Combien a-t-il régné d'années ?

CALCUL MENTAL

(1) Un marchand, qui avait 34 melons, en a vendu 11 ; combien lui en reste-t-il ?

(2) Paul a 5 francs de moins que sa sœur, qui possède 13 francs ; quel est l'avoir de Paul ?

(3) Quelle est la longueur en mètres d'un fossé qui a 8 décamètres et demi de long ?

(4) Que manque-t-il à 26 francs pour égaler chacune des sommes : 28 fr. 50 ? — 39 francs ? — 40 fr. 25 ? — 100 francs ?

(5) Combien y a-t-il de francs dans 725 centimes ? dans 27 décimes ?

(6) Compter de 7 en 7 à partir de 7 jusqu'à 140, puis à rebours de 140 à 7.

QUARANTE ET UNIÈME LEÇON

Principe — *La différence de deux nombres ne change pas quand on les augmente tous deux d'une même quantité.*

Jules possède 5 francs et Jean 2 francs ; Jules a 3 francs de plus que Jean : 5 — 2 = 3. Si on donne 10 francs à chacun, Jules possédera 15 francs et Jean 12 francs ; la différence sera encore 3 francs comme précédemment ; 15 — 12 = 3.

2° **cas de la soustraction**. — Le deuxième cas est

celui dans lequel un ou plusieurs chiffres du petit nombre sont plus grands que les chiffres de même rang du nombre supérieur.

Exemple. — J'avais 52 francs, j'en ai dépensé 27 ; que me reste-t-il ?

   52   En commençant cette soustraction, nous nous
   27   trouvons arrêtés ; en effet, nous ne pouvons pas
   25   ôter 7 de 2. Pour résoudre cette difficulté, augmentons le chiffre trop faible 2 d'une dizaine, ou de 10 unités, et nous aurons 12. Nous dirons : 7 ôtés de 12, il reste 5. Mais comme nous avons augmenté le nombre supérieur de 10 unités, augmentons également le nombre inférieur d'une dizaine.

Nous dirons : 1 dizaine (on dit une dizaine de *retenue*) et 2 dizaines font 3 dizaines ; 3 dizaines ôtées de 5, il reste 2 dizaines. La différence est 25.

EXERCICES SUR LES PLANCHETTES

(1) Rendre le nombre 0,09 1000 fois plus grand.
(2) — 7,2 1000 fois plus petit.
(3) Exprimer en Km. 375 mètres.
(4) — cm. 0^m,007.
(5) 8567 — 5425.
(6) 70325 — 50113.
(7) 643 — 527.
(8) 5409 — 3728.
(9) Combien font dix centaines de mille ?
(10) Écrire en chiffres le nombre un million neuf mille.
(11) Un marchand qui avait acheté 875 hectolitres de vin en a vendu 587 hectolitres. Combien lui en reste-t-il ?
(12) Quel nombre faut-il ajouter à 154 pour avoir 1000 ?
(13) Un boulanger a reçu 1715 kilos de farine sur une commande de 3000 kilos. Combien doit-il encore en recevoir ?
(14) La tour de Strasbourg a 142 mètres de hauteur

et le Panthéon 83 mètres. De combien le Panthéon est-il moins élevé ?

(15) Le boulevard Saint-Germain a 2050 mètres de long et la rue de Rivoli 1245 mètres. De combien la rue de Rivoli est-elle moins longue que le boulevard Saint-Germain ?

CALCUL MENTAL

(1) On prend 13 mètres de toile sur une pièce qui en contient 62 mètres. Combien en reste-t-il ?

(2) Un élève qui avait 70 lignes à apprendre, en sait 58. Combien lui en reste-t-il à apprendre ?

(3) Combien doit-on payer pour 40 mètres carrés de peinture à 3 francs le mètre carré ?

(4) Combien y a-t-il de jours dans 4 semaines ? dans 6 semaines ? dans 3 semaines et 5 jours ?

(5) Combien faut-il de centimètres pour faire 1 m. 60 ?

(6) Dans combien d'années serons-nous en l'an 2000 ?

(7) Que manque-t-il à 32 mètres pour faire 150 mètres ?

(8) Combien faut-il de décigrammes pour faire 814 grammes ?

QUARANTE-DEUXIÈME LEÇON

SOUSTRACTION DES NOMBRES DÉCIMAUX

Règle. — Pour faire la soustraction des nombres décimaux, on écrit le plus petit nombre au-dessous du plus grand, de manière que les unités du même ordre se correspondent. Puis, on fait la soustraction comme celle des nombres entiers et l'on met au résultat une virgule au-dessous des virgules des nombres donnés.

Exemple. — Soit à retrancher 7,83 de 19,56.

LEÇONS D'ARITHMÉTIQUE

Plus grand nombre   19,56
Plus petit nombre   7,83
Reste   11,73

On dit : 3 centièmes ôtés de 6 centièmes, il reste 3 centièmes ; on écrit 3 sous les centièmes ; 8 dixièmes à retrancher de 5 dixièmes, cela ne se peut. On augmente le chiffre 5 de 10 dixièmes, qui valent une unité, et l'on dit : 8 dixièmes ôtés de 15 dixièmes, il reste 7 dixièmes ; on écrit 7 sous les dixièmes et on retient 1 ; et ainsi de suite (1).

EXERCICES SUR LES PLANCHETTES

(1) Exprimer en dm.   47 Dm.
(2)   —   cm.   3 Hm.
(3) Combien y a-t-il d'Hm. dans 430 mètres ?
(4) Combien y a-t-il de Km. dans 10 000 mètres ?
(5) 7084 — 5271.
(6) 1,49 — 0,53.
(7) 73,58 — 15,29.
(8) 1,798 — 0,847.
(9) Combien un million vaut-il de fois mille ?
(10) Combien faut-il de dizaines pour faire une dizaine de mille ?
(11) Un domestique va faire des achats et emporte 137 francs. Combien a-t-il dépensé, s'il revient avec 96 francs ?
(12) François Ier est monté sur le trône en 1515 et est mort en 1547. Pendant combien de temps a-t-il régné ?
(13) Le matin d'un jour de marché un cafetier avait 167 fr. 80 dans son tiroir. Le soir il y trouve 955 fr. 15. Quelle a été la recette de la journée ?
(14) On a vendu 788 francs un cheval qui avait coûté 656 francs. Quelle somme a-t-on gagnée ?

---

(1) On dira simplement : 3 de 6, 3 ; 8 de 15, 7 ; et ainsi de suite.

(15) Un régiment de 2450 hommes a reçu 135 conscrits et a congédié 247 hommes qui avaient fini leur service. Combien a-t-il d'hommes actuellement ?

CALCUL MENTAL

(1) Un vigneron a récolté 35 pièces de vin ; mais il ne lui en reste plus que 18. Combien a-t-il vendu de pièces ?

(2) Émile, qui doit réciter ce soir une fable de 25 lignes, n'en sait encore que 12 lignes. Combien lui en reste-t-il encore à apprendre ?

(3) Pierre, qui a 43 ans, a 26 ans de plus que son neveu. Quel est l'âge du neveu ?

(4) Combien de centimètres, de millimètres valent 5 mètres ? 10 mètres ? 100 mètres ?

(5) Combien de mètres valent les nombres : 40 décimètres ? 500 centimètres ? 3000 millimètres ? 400 décimètres ?

(6) Si nous retranchons une centaine à chacun des nombres suivants : 300, 460, 520, quels sont les restes (1) ?

(7) Combien font 6 centaines d'œufs moins 350 œufs ?

QUARANTE-TROISIÈME LEÇON

Un nombre décimal ne change pas lorsqu'on ajoute ou qu'on supprime des zéros à sa droite.

Soit le nombre 5, 7. Si on place un zéro à sa droite, on aura 5,70, qui a la même valeur que 5,7, car le

---

(1) Avec la rapidité d'allures qu'imprime à une classe l'emploi de la méthode Tabareau, dont le principal avantage est précisément de tenir toujours les élèves en haleine, il est évident que l'énoncé de ces exercices devra souvent être fait par le maître en termes beaucoup plus brefs que ne l'indique le texte. Ainsi, pour l'exercice 6, il pourrait dire simplement : 460-100 ? 300 moins 100 ? 520 moins une centaine ?

7 exprime toujours des dixièmes et le 5 exprime toujours des unités.

Pour faire la soustraction de deux nombres décimaux lorsque ces deux nombres n'ont pas le même nombre de chiffres décimaux, on ajoute par la pensée, au nombre qui a le moins de chiffres décimaux, assez de zéros pour qu'il en ait autant que l'autre ; on sait que la valeur de ce nombre n'est pas changée.

1ᵉʳ *Exemple* : Soit à soustraire 7,5 de 9,84.

```
9,84    On dit : 0 de 4, il reste 4 ;
7,5     — 5 de 8, il reste 3 ; et ainsi de suite.
────
2,34
```

2° *Exemple* : Soit à soustraire 3,48 de 16,2.

```
16,2    On dit : 8 de 10, il reste 2 et retiens 1 ;
3,48    1 de retenue et 4, 5 ; de 12, 7 et retiens un ;
─────
12,72   et ainsi de suite.
```

EXERCICES SUR LES PLANCHETTES

(1) Rendre le nombre 7,4 100 fois plus grand.
(2)   — 9 1000 fois plus petit.
(3) Écrire en chiffres le nombre 3 unités 7 millièmes.
(4) Combien faut-il de millimètres pour faire un Dm ?
(5) Convertir 7 Hm,05 en dm.
(6)   — 18 Km,7 en Dm.
(7) 583,2 — 47,95.
(8) 75,98 — 72,925.
(9) 47,503 — 23,9.
(10) Une boîte contient 144 plumes : on en donne 57 aux élèves d'une classe. Combien en reste-t-il dans la boîte ?
(11) Charlemagne est mort en 814 ; il était né en 742. Quel âge avait-il à sa mort ?
(12) J'avais 75 fr. 4 ; j'ai dépensé 16 fr. 75. Que me reste-t-il ?
(13) On prend de la viande chez le boucher pour 4 fr. 65 ;

on met sur le comptoir une pièce de 10 francs. Combien doit rendre le boucher ?

(14) L'imprimerie a été inventée par Gutenberg en 1436. Depuis combien d'années imprime-t-on ?

CALCUL MENTAL

(1) Une corde a une longueur de 40 cm; elle entre juste 4 fois dans la longueur d'une table. Quelle est la longueur de la table ?

(2) Un berger compte ses moutons et dit : Si j'en avais 15 de plus, j'en aurais 100. Combien en a-t-il ?

(3) Combien y a-t-il de décimètres dans un Dm ?

(4) Que représente le chiffre placé au 4° rang ?

(5) — 6° rang ?

(6) Un appartement a 4 fenêtres et chaque fenêtre a 6 carreaux ; combien de carreaux en tout ?

(7) Qu'est le nombre 2,537 par rapport au nombre 253,7 ?

(8) — 428,59 — 42,859 ?

QUARANTE-QUATRIÈME LEÇON

Preuve de la soustraction. — Pour faire la preuve de la soustraction, on ajoute le reste au plus petit nombre et l'on doit retrouver le plus grand. En effet, le reste est précisément ce qui manque au plus petit nombre pour égaler le plus grand.

EXERCICES SUR LES PLANCHETTES

(1) $98^m,67 - 45^m,3$.
(2) $57^{kg},3 - 3^{kg},548$.
(3) $785^{fr},4 - 365^{fr},53$.
(4) $425^l - 34^l,72$.
(5) Faire la preuve de cette dernière soustraction.

(6) Écrire les nombres obtenus en comptant de 6 en 6, de 7 à 31.

(7) A quel rang à droite de la virgule place-t-on les centièmes ?

(8) A quel rang à droite de la virgule place-t-on les millièmes ?

(9) Lyon est à 512 kilomètres de Paris ; Dijon en est à 315. Quelle est la distance de Lyon à Dijon ?

(10) Un corps d'armée se composait de 23 987 hommes avant l'action ; après l'engagement, il ne reste plus que 21 536 hommes. Quel est le nombre de soldats mis hors de combat ?

(11) Un tonneau pèse vide 25^k,350 et plein 187^k,275. Quel est le poids du liquide contenu dans ce tonneau ?

(12) Une propriété contenait 2^{ha},25 ; on en vend 0^{ha},85. Quelle étendue reste-t-il ?

(13) Le mont Pelvoux a 3954 mètres d'altitude, tandis que le mont Ventoux en a 1912. Quelle est la différence d'altitude de ces deux montagnes ?

(14) Un ouvrier qui avait 542 fr. 50 à la caisse d'épargne en retire 96 fr. 35. Combien y a-t-il encore ?

(15) Un cultivateur vend 2100 francs un champ qui lui avait coûté avec les frais 1853 fr. 75. Quel est son bénéfice ?

CALCUL MENTAL

(1) Un jardin contenait 190 mètres carrés ; mais il va être traversé par une rue qui lui enlèvera 25 mètres carrés. Quelle étendue restera-t-il ?

(1) Il me manque 3 francs pour payer une dette de 12 fr. 25. Combien ai-je ?

(3) Une marchande de poissons a dans son panier 37 harengs ; elle en vend 14. Combien lui en reste-t-il ?

(4) Dire les nombres dont le total deux à deux est 10.

(5) La somme de deux nombres est 24 et l'un de ces nombres est 8 ; quel est le deuxième nombre ?

(6) Une personne qui devait 100 francs en a payé 82. Combien doit-elle encore ?

(7) Combien font 700×2 ? 200×3 ? 400×5 ?

(8) Une famille consomme 2 fr.50 de viande par jour ; combien en consomme-t-elle par semaine ?

QUARANTE-CINQUIÈME LEÇON

Ligne. — Si, sur une feuille de papier ou sur un tableau noir, on promène la pointe d'un crayon ou d'un bâton de craie, on obtient une *ligne*.

Trois sortes de lignes. — Il y a trois espèces de lignes, la ligne *droite*, la ligne *brisée* et la ligne *courbe*.

Ligne droite. — La ligne *droite* est le plus court chemin d'un point à un autre.

Un fil tendu a la forme d'une ligne droite.

Pour nommer une ligne droite, on place généralement une lettre à chaque extrémité et on lit les deux lettres.

Ainsi nous dirons : la ligne droite AB, la ligne droite CD.

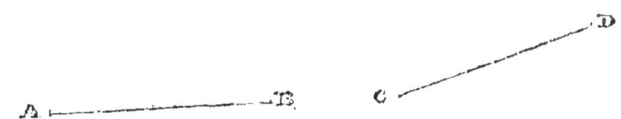

EXERCICES SUR LES PLANCHETTES

(1) Faire une ligne ayant la direction du bord supérieur de la planchette.

(2) La diviser en deux parties égales.

(3) Dessiner une ligne ayant la longueur de la main.

(4) Dessiner au-dessous une ligne double de la précédente.

(5) Dessiner une ligne d'une longueur de 10 centimètres.

(6) Combien faut-il de doubles-mètres pour faire un décamètre?

(7) Lire 74^m,6 en prenant le Dm pour unité.

(8) 758,9 — 37,58.

(9) 0,987 — 0,49.

(10) 64,07 — 52,928.

(11) On achète 3 barriques d'huile : la première contient 274 litres, la deuxième 285 litres et la troisième 28 litres de plus que la seconde. Combien contiennent-elles de litres en tout?

(12) Un enfant a dans sa tirelire 28 fr. 95, dont 8 fr. 95 en argent et en bronze. Quelle somme a-t-il en or?

(13) Une école avait 350 élèves au 1er mars. Dans ce mois, il en est entré 15 nouveaux et 9 ont quitté l'école. Combien y en a-t-il à la fin du mois?

(14) Un élève économe dépose à la caisse d'épargne une 1re fois 2 fr. 50, une 2e fois 0 fr. 70, une 3e fois 4 fr. 75 et une 4e fois 3 fr. 3. Que lui manque-t-il pour avoir 25 francs sur son livret?

(15) Combien doit-on payer pour trois porcs qui pèsent 58 kilos, 92 kilos et 97 kilos, à 1 franc le kilo?

CALCUL MENTAL

(1) Compter de 6 en 6, de 6 à 150, et faire l'exercice inverse.

(2) Combien y a-t-il de minutes dans 2 heures? dans 2 heures 1/2?

(3) Compter par unités simples de mille francs à mille cinquante francs.

(4) Combien y a-t-il de décimètres, de centimètres, dans 1 mètre 1/2, 2 mètres 1/2, dans 3 mètres 1/2?

(5) Compter de 6 en 6, à partir de 1, 2, 3, 4 jusqu'à 121, 122, 123, 124.

(6) Combien font 30 élèves et 18 élèves?

(7) Paul a 40 plumes; s'il en achète 15, combien en aura-t-il?

(8) On a distribué 38 ardoises aux élèves; il en reste 13 sur le bureau du maître. Combien y avait-il d'ardoises?

QUARANTE-SIXIÈME LEÇON

Ligne brisée. — La ligne *brisée* est une ligne composée de lignes droites. Pour la nommer, on place une lettre à chaque extrémité et aux rencontres des droites, et on lit ces lettres.

Exemple : On dira : la ligne brisée ABCD.

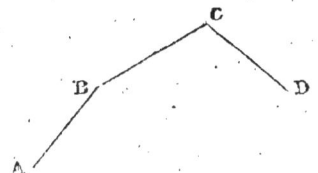

Ligne courbe. — La ligne *courbe* est une ligne qui n'est ni droite, ni composée de lignes droites. L'arc-en-ciel nous en donne un exemple.

Pour nommer une ligne courbe, on place des lettres sur plusieurs points de son parcours et on lit ces lettres.

Exemple : On dira : la ligne courbe ABCD.

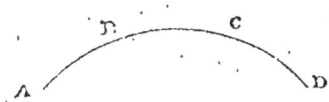

EXERCICES SUR LES PLANCHETTES

(1) Tracer une droite ayant la direction du bord de gauche de la planchette.

(2) Diviser cette droite en deux, quatre parties égales.

(3) Tracer une ligne brisée composée de 3 lignes droites.

(4) Tracer les lettres A M N.
(5) Tracer une ligne courbe.
(6) Écrire les nombres qu'on obtient en comptant de 8 en 8, de 8 à 40.
(7) Combien faut-il d'ordres pour qu'une classe d'unités soit complète ?
(8) Écrire en chiffres quarante-deux millions vingt-quatre.
(9) Exprimer en Hm. 732 dm.
(10)   Dm. 68 cm.
(11) Combien me manque-t-il pour payer mon loyer de 700 francs, si j'ai 544 fr. 85 ?
(12) Que reste-t-il d'une somme de 1000 francs sur laquelle on a dépensé successivement 248 francs et 705 francs ?
(13) Une domestique qui gagne 550 francs par an a déjà reçu 65 francs une fois et 78 fr. 50 une autre fois. Que lui est-il dû au bout de l'année ?
(14) Un employé gagne 1846 francs par an, un autre gagne 2198 francs et un troisième gagne autant que les deux premiers ensemble. Combien ces employés gagnent-ils en tout ?
(15) Une planche a 3 mètres de long ; il s'agit de la ramener à une longueur de 1^m, 75. De combien faut-il la raccourcir ?

CALCUL MENTAL

(1) Quels sont les chiffres qui expriment des dizaines dans les nombres 612, 864, 743 ?
(2) Décomposer en centaines, dizaines et unités de millions les nombres suivants : quarante-huit millions de francs ; cent trente-quatre millions.
(3) Si un train parcourt 30 kilomètres en 1 heure, quelle distance parcourt-il en 2 heures ? en 3 heures ?
(4) Si 3 mètres d'étoffe coûtent 25 francs, que coûteraient 20 mètres de la même étoffe ?

ET DE GÉOMÉTRIE

(5) Un ouvrier s'est mis au travail à 6 heures du matin : il l'a quitté 8 heures après. Quelle heure était-il ?

(6) Combien font 17 mètres et 9 mètres ? 57 mètres et 11 mètres ?

(7) Combien y a-t-il de dixièmes de litre dans un litre ?

(8) Combien y a-t-il de centimes dans un franc ?

QUARANTE-SEPTIÈME LEÇON

Ligne horizontale. — Une ligne *horizontale* est celle qui suit la direction de l'eau tranquille.

Le bord supérieur et le bord inférieur du tableau sont des *horizontales;* les lignes qui limitent le plafond en sont aussi.

Ligne verticale. — On dit qu'une ligne est *verticale* lorsqu'elle a la direction que suit une pierre en tombant. Les arêtes des angles de la classe sont des *verticales* (1).

Fil à plomb. — *Le fil à plomb* se compose d'un fil AB, à l'extrémité duquel est attaché un petit bloc de plomb ou de cuivre. Si l'on suspend le plomb, la direction marquée par le fil est la verticale.

Les maçons et les charpentiers se servent du fil à plomb pour construire suivant la verticale, sans quoi leurs constructions ne tarderaient pas à s'écrouler.

EXERCICES SUR LES PLANCHETTES

(1) Tracer une ligne ayant la direction du bord de droite.

---

(1) On dit simplement *horizontale, verticale,* au lieu de *ligne horizontale, ligne verticale,* de même qu'on dit *droite* au lieu de *ligne droite.*

(2) Diviser cette droite en deux, six parties égales.
(3) Tracer la ligne courbe figurée par l'arc-en-ciel.
(4) Tracer les lettres P, B, R, F.
(5) Faire une échelle.
(6) Tracer des verticales et des horizontales se coupant à égale distance.
(7) Écrire en chiffres 7 millions 5 mille.
(8) Écrire en chiffres 3 cent mille quatorze.
(9) Combien faut-il de dm. pour faire 2 Dm.?
(10) —   cm. — 3 m.?
(11) Une propriété a coûté 60 000 francs. Combien faut-il la revendre pour gagner 4375 francs, si déjà on a dépensé 1308^{fr},85 pour des réparations?
(12) Un enfant a une ficelle de 27^m,75 attachée à un cerf-volant; il désire donner à cette ficelle une longueur de 55 mètres. De combien doit-il l'allonger?
(13) Un marchand a vendu une première fois 94 mètres de drap pour 430 francs; puis 225 mètres pour 1324 fr.; et enfin 300 mètres pour 1682 francs. Combien a-t-il vendu de mètres de drap et pour quelle somme?
(14) On paye une somme de 8000 francs en donnant 5000 francs en billets de banque, 850 francs en or et le reste en argent. Quelle somme donne-t-on en argent?
(15) Un cultivateur a deux troupeaux qui comprennent l'un 673 moutons et l'autre 722. Combien de moutons possède-t-il après en avoir vendu un lot de 50?

CALCUL MENTAL

(1) Compter par unités de millions, de 1 million à 30 millions, puis par dizaines de millions, de 10 millions à cent millions.
(2) Combien font 38 et 12? 49 et 36? 142 et 8?
(3) Que reste-t-il de 44 si l'on en retranche 12, puis 11, puis 9?
(4) Si Louis économise un sou par jour, combien possède-t-il de francs au bout de 40 jours? de 60 jours?

(5) Combien font 8 et 7 ? 18 et 7 ? 28 et 7 ? 28 et 17 ? 28 et 27 ?

(6) Jules a eu 9 ans en 1887. En quelle année est-il né ?

(7) Si une douzaine d'oranges coûte 3 francs, que coûtent 36 oranges ?

(8) Combien y a-t-il de pommes dans 3 paniers qui en contiennent chacun 2 douzaines ?

QUARANTE-HUITIÈME LEÇON

Ligne inclinée. — Une ligne *inclinée* est celle qui n'est ni *verticale* ni *horizontale*. Les montants d'une échelle appliquée contre un mur forment des lignes inclinées.

Si des lignes sont tracées sur une feuille de papier, ou au tableau, on dit qu'elles sont situées dans le même plan.

Lignes parallèles. — On appelle lignes *parallèles* celles qui, situées dans le même plan, ne peuvent jamais se rencontrer si loin qu'on les prolonge.

Les rails d'un chemin de fer, les barreaux d'une échelle sont des *parallèles*.

EXEMPLE : les droites AB et CD sont parallèles.

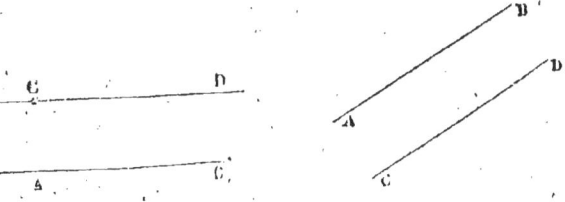

EXERCICES SUR LES PLANCHETTES

(1) Tracer une ligne inclinée d'une longueur de 20 centimètres.

(2) Diviser cette ligne en deux, dix parties égales.
(3) Tracer une ligne parallèle au bord de gauche.
(4) Diviser cette ligne en 3 parties égales.
(5) Tracer deux parallèles distantes d'un décimètre.
(6) Tracer les lettres C, D, G.
(7) Tracer les lettres A, V, K, M, N, qui renferment des lignes obliques.
(8) Quel nom donne-t-on à une longueur de 100 mètres?
(9) — à la dixième partie du litre?
(10) Quel nombre forme-t-on avec 4 dizaines de millions et sept unités simples?
(11) Un fermier a récolté dans un champ 187 gerbes, dans un 2e 136, dans un 3e 154 et dans un 4e 92. Combien a-t-il récolté de gerbes en tout?
(12) Une personne aura 50 ans en 1890. En quelle année est-elle née?
(13) De combien le nombre 17,80 surpasse-t-il 9,175?
(14) Un entrepreneur a fait pour 14 400 francs d'ouvrage, avec un rabais de 1 franc par 100 francs. Que doit-il recevoir?
(15) Un caissier avait dans son tiroir 1265 francs; il reçoit 840 francs et il paie une facture de 975 francs. Quelle somme lui reste-t-il?
(16) Une caisse de marchandises pèse 156 kilos; vide elle pèse $15^k,200$: quel est le poids de la marchandise?

CALCUL MENTAL

(1) Compter de 50 en 50, de 1000 à 3000?
(2) Combien font 17 — 9? 14 — 8? 13 — 9? 15 — 9?
(3) La différence de deux nombres est 12 et le plus petit nombre est 8. Quel est le plus grand?
(4) Combien font 12 — 5? 22 — 5? 32 — 5?
(5) A 2 francs le canif, quel serait le prix de 2 douzaines et demie?
(6) Quel nombre faut-il ajouter à 37 pour avoir 50?

ET DE GÉOMÉTRIE

(7) Je dois 48 francs et je n'ai que 39 francs. Combien me manque-t-il pour payer ma dette?

(8) Combien font 2 fois 90 noix ? 4 fois 70 noix ?

(9) Combien font 3 fois 50 œufs ? 5 fois 25 œufs ?

(10) Combien font $4 + 14 + 5$, $17 + 3 + 9$, $9 + 6 + 5$?

QUARANTE-NEUVIÈME LEÇON

Angle. — On appelle *angle* l'ouverture formée par deux lignes qui se coupent.

La figure 1 représente un angle *aigu*.

Fig. 1. Angle aigu.   Fig. 2. Angle droit.   Fig. 3. Angle obtus.

La figure 2 représente un angle plus grand, qu'on appelle *droit*.

Une *horizontale* et une *verticale* qui se coupent forment un *angle droit*.

La figure 3 représente un angle plus grand qu'un angle droit ; c'est un angle *obtus*.

REMARQUE. — *La grandeur d'un angle ne dépend pas de la longueur de ses côtés, mais seulement de leur écartement.*

Carré. — On appelle *carré* une figure qui a quatre côtés égaux. Elle est semblable à la figure ci-contre, dans laquelle les côtés sont égaux en longueur et les quatre angles sont *droits*.

LEÇONS D'ARITHMÉTIQUE

EXERCICES SUR LES PLANCHETTES

(1) Dessiner un angle aigu.
(2) — droit.
(3) — obtus.
(4) Faire un carré d'un décimètre de côté.
(5) Faire un carré de deux décimètres de côté.
(6) Combien le second en contiendrait-il comme le premier (1) ?
(7) Dessiner les lettres B, E, K.
(8) Ecrire en chiffres six cent'mille sept unités.
(9) 578,945 — 137,64.
(10) Ecrire en lettres le nombre 17,004.
(11) Je devais 95 francs au boucher et je ne lui dois plus que 12 francs. Combien lui ai-je donné ?
(12) Ma mère est partie au marché avec une somme de $9^{fr},50$ et est revenue avec $3^{fr},85$. Combien a-t-elle dépensé ?
(13) Un père et son fils ont ensemble 147 ans ; le père a 90 ans. Quel est l'âge du fils ?
(14) Un champ carré a $46^m,50$ de côté. Quelle est la longueur de son pourtour ?
(15) Le caissier d'une maison de commerce reçoit $340^{fr},20$, puis $1060^{fr},45$, puis $576^{fr},35$ et paie ensuite une facture de $1230^{fr},50$. Que lui reste-t-il ?
(16) Deux associés ont mis pour leur commerce une somme de 15000 francs ; le second a mis $6900^{fr},85$. Combien le premier a-t-il mis de plus que le second ?

CALCUL MENTAL

(1) Combien font : $13 + 12$? $16 + 14$? $18 + 15$?

---

(1) A l'aide de deux mètres pliants, il sera facile de montrer que le carré de 2 dm de côté égale 4 fois celui de 1 dm de côté. Pour l'intelligence des mesures de surface, il est indispensable que les élèves arrivent successivement à trouver d'eux-mêmes que quand le côté d'un carré devient 2, 3, 4 fois plus grand, sa surface devient 4, 9, 16 fois plus grande.

(2) Quelle somme font une pièce de 20 francs et une de 50 francs?

(3) J'achète un pantalon 30 francs et un paletot 60 francs. Combien dois-je payer?

(4) Combien font 42 et 18? 36 et 15? 29 et 14? 21 et 12?

(5) Combien font $2^{gr},25$ plus $1^{gr},30$? $4^{m},30 + 2^{m},50$?

(6) Combien font $0^{fr},15$ plus $0^{fr},70$? $0^{fr},40 + 0^{fr},65$?

(7) Combien font $0^{fr},18$ plus $0^{fr},62$? $0^{fr},30 + 0^{fr},58$?

(8) Combien font $50^{gr},27$ moins $13^{gr},8$? $65^{gr},9$ moins 25 grammes?

(9) Combien 500 litres font-ils d'hectolitres?

(10) Combien 300 décalitres font-ils de doubles-décalitres?

CINQUANTIÈME LEÇON

MESURES DE SURFACES

Mètre carré. — L'unité de surface est le carré construit *sur l'unité de longueur*, c'est-à-dire le carré construit sur une longueur d'un mètre, ou ayant un mètre de côté. On l'appelle *mètre carré*. C'est l'unité employée pour mesurer la surface du tableau noir, des murs de la salle.

Les sous-multiples du mètre carré sont :

Le *décimètre carré* (*dmq*), qui a 1 décimètre ou $0^{m},1$ de côté.

Le *centimètre carré* (*cmq*), qui a 1 centimètre ou $0^{m},01$ de côté.

Le *millimètre carré* (*mmq*), qui a 1 millimètre ou $0^{m},001$ de côté.

Ces mesures servent à mesurer les petites surfaces, comme celles d'une feuille de papier, de la couverture d'un livre, etc.

La figure ci-jointe représente le *centimètre carré* en grandeur réelle, parce que le côté A B a *un centimètre*.

EXERCICES SUR LES PLANCHETTES

(1) Tracer un carré de 5 centimètres de côté et un autre de 15 centimètres de côté.

(2) Combien le côté du deuxième carré est-il de fois plus grand que celui du premier ?

(3) Diviser le côté gauche du grand carré en trois parties égales.

(4) Mener par les points de division ainsi obtenus des lignes ayant la direction du bord supérieur de la planchette.

(5) Diviser le côté supérieur du grand carré en trois parties égales.

(6) Mener par les points de division des lignes ayant la direction du bord de gauche de la planchette.

(7) En combien de carrés ayant 5 centimètres de côté le carré de 15 centimètres de côté sera-t-il divisé ?

Conclure de là que lorsqu'un carré a un côté 3 fois plus grand, sa surface est 9 fois plus grande.

(8) Qu'est-ce qui vaut le plus, de 2 dixièmes ou de 18 centièmes ?

(9) Vingt dixièmes de pommes, est-ce plus grand ou plus petit qu'une pomme ?

(10) Combien cela vaut-il de pommes

(11) Écrire en chiffres sept millions trente-sept unités.

(12) Un voyageur a dépensé dans un hôtel 58 fr. 50 pour sa nourriture et 24 fr. 75 pour sa chambre. Quelle somme a-t-il déboursée, s'il a donné en plus 2 francs au domestique qui l'a accompagné à la gare ?

(13) Une caisse renfermait 525 assiettes; on en trouve 45 de cassées. Combien en reste-t-il de bonnes ?

(14) Un marchand a acheté 3 pièces de toile de 32 mètres chacune; il en a revendu 12^m,25 de la 1re, 7^m,90 de la 2me et 13^m,75 de la 3me. Combien lui reste-t-il de mètres à vendre?

(15) Deux caisses d'oranges en contiennent, la première 385, et la seconde 450. Combien faut-il ajouter d'oranges à la 1re caisse pour qu'elle en ait autant que la seconde?

(16) Un marchand qui avait 200 mètres de drap en a vendu successivement 25^m,25, 19^m,75, et 60^m,35. Combien lui en reste-t-il?

(17) D'après l'avant-dernier recensement, la population d'une commune comptait 137 hommes, 143 femmes, 123 garçons et 127 filles. Le dernier recensement donne un total de 563 habitants. De combien la population de cette commune a-t-elle augmenté?

CALCUL MENTAL

(1) Combien manque-t-il à 16 mètres pour faire 4 décamètres?

(2) Combien manque-t-il à 46 mètres pour faire 6 décamètres?

(3) Combien font 70 + 50? 40 + 45? 30 + 52? 52 + 80?

(4) François 1er est monté sur le trône à 20 ans; il est mort après 32 ans de règne. A quel âge est-il mort?

(5) Combien font 100 — 60? 100 — 40? 100 — 68? 100 — 42?

(6) Combien font 12 + 40 + 10? 15 + 30 + 12?

(7) Compter par soustraction, de 5 en 5, de 87 à 2.

(8) Charles était le 19me de sa classe; les compositions du mois lui ont fait gagner 8 places. Quel rang occupe-t-il?

(9) Combien font 2 fois 17 poules? 3 fois 25 poules? 4 fois 30 poules?

(10) Combien font 30 + 14 + 20?

CINQUANTE ET UNIÈME LEÇON

Les multiples du mètre carré sont :

Le *décamètre carré* (Dmq) est un carré qui a 10 mètres de côté.

L'*hectomètre carré* (Hmq) est un carré qui a 100 mètres de côté.

Le *kilomètre carré* (Kmq) est un carré qui a 1000 mètres de côté.

Le *myriamètre carré* (Mmq) est un carré qui a 10 000 mètres de côté.

Les multiples du mètre carré servent à évaluer les grandes superficies, telles que celles d'une prairie, d'un village, d'un département, d'un État, etc.

On les appelle mesures *topographiques*.

Dans les précédentes leçons, on a vu que lorsque le côté d'un carré devient 2 *fois plus grand*, sa surface devient 4 *fois plus grande*, ou 2 *fois* 2 *fois plus grande*; que lorsque le côté est 3 *fois plus grand*, la surface est 9 *fois plus grande*, ou 3 *fois* 3 *fois plus grande*.

EXERCICES SUR LES PLANCHETTES.

(1) Tracer un carré d'environ 5 centimètres de côté et un autre ayant son côté 4 fois plus grand, c'est-à-dire de 20 centimètres de côté.

(2) Diviser le côté de gauche du grand carré en quatre parties égales.

(3) Mener par les points de division des lignes ayant la direction du bord supérieur.

(4) Diviser le côté supérieur du grand carré en quatre parties égales.

(5) Mener par les points de division des lignes ayant la direction du bord de gauche;

(6) En combien de carrés ayant 5 centimètres de côté le carré de 20 centimètres de côté sera-t-il divisé ?

ET DE GÉOMÉTRIE

Conclure de là que lorsqu'un carré a un côté 4 fois plus grand, sa surface est 16 fois, ou 4 fois 4 fois plus grande.

(7) Lorsque le côté du grand carré est 5 fois plus grand que celui du petit, combien sa surface est-elle de fois plus grande ?

(8) Dessiner un décimètre carré, un centimètre carré.

(9) J'ai un champ dont la superficie est de 1214^{mq}, 75 ; j'en ai vendu 826^{mq}, 17. Combien m'en reste-t-il ?

(10) Un champ de 30 000 mètres carrés doit être traversé par un chemin qui en prendra 2 700 mètres carrés. Quelle est l'étendue de ce qui restera du champ ?

(11) La base du Panthéon est à 60 mètres au-dessus du niveau de la mer, la hauteur totale de l'édifice est de 83 mètres. A quelle altitude se trouve le sommet du dôme ?

(12) Philippe Auguste est monté sur le trône à 15 ans ; il est mort après 43 ans de règne. Quel âge avait-il quand il est mort ?

(13) Le plus petit nombre d'une soustraction est 2 548 et le reste 904 ; quel est le plus grand nombre ?

(14) On a payé à un ébéniste 48 francs pour une commode, 121 francs pour une armoire, 12 francs pour une table. Combien doit-il rendre sur un billet de 500 francs ?

CALCUL MENTAL

(1) Combien font 33 + 22 ? 42 + 25 ? 240 + 13 ?

(2) Combien font 34 + 20 ? 44 + 12 ? 225 — 15 ?

(3) Un ouvrier gagne 5 fr. 70 par jour et sa femme 2 fr. 50. Combien gagnent-ils ensemble ?

(4) Combien manque-t-il à 95 décimètres carrés pour valoir 100 dmq ?

(5) Combien font 80 — 30 ? 70 — 20 ? 60 — 10 ? 50 — 20 ?

(6) Je dois 150 francs ; je donne en paiement un billet

de 50 francs et 4 pièces de 10 francs. Combien dois-je encore ?

(7) Que deviennent les nombres 12, 24, 35, en ajoutant 2 zéros à la droite de chacun d'eux ?

(8) De combien augmente-t-on le nombre 10 en écrivant un zéro à sa droite ?

(9) Combien font 2 fois 72 plumes ? 2 fois 34 moutons ?

(10) Quelle est la moitié d'une dizaine, d'une centaine, d'un mille ?

(11) Une somme de 200 francs est composée de pièces de 10 francs ; combien y en a-t-il ?

CINQUANTE-DEUXIÈME LEÇON

On a vu que lorsque le côté d'un carré devient 5 *fois* plus grand, la surface devient 5 *fois* 5 ou 25 *fois* plus grande. Si le côté est 9 *fois* plus grand, la surface est 9 *fois* 9 ou 81 *fois* plus grande ; si le côté est 10 *fois* plus grand, la surface est 10 *fois* 10 ou 100 *fois* plus grande.

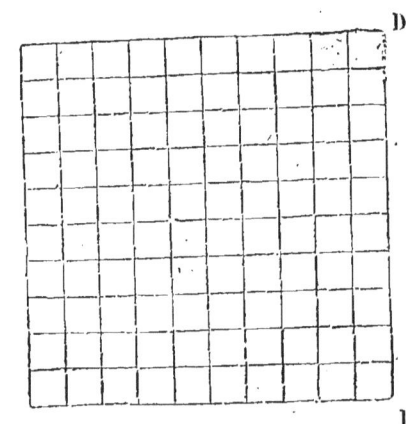

Dessinons un carré ABCD ayant un mètre de côté, c'est-à-dire *le mètre carré*.

Divisons le carré en dix bandes horizontales égales.

Traçons dans la première bande AB 10 carrés égaux ; ces carrés auront un *décimètre* de côté et sont par suite des *décimètres carrés*.

Puisque le mètre carré contient dix bandes semblables, il contiendra en tout 10 *fois* 10 ou 100 décimètres carrés.

Les unités de surface vont donc de *cent* en *cent*, c'est-à-dire que le mètre carré contient 100 décimètres carrés, le décimètre carré 100 centimètres carrés, le centimètre carré 100 millimètres carrés.

De même le myriamètre carré contient 100 kilomètres carrés, le kilomètre carré 100 hectomètres carrés, l'hectomètre carré 100 décamètres carrés et enfin le décamètre carré 100 mètres carrés.

EXERCICES SUR LES PLANCHETTES

(1) Combien le dmq vaut-il de cmq ?
(2) — Dmq — mq ?
(3) — l'Hmq — Dmq ?
(4) — Hmq — mq ?
(5) Un terrain a la forme d'un carré et a un Km de côté ; quel est son contour en Km ? en Hm ? en Dm ? en M ?
(6) Quelle est sa surface en Kmq ? en Hmq ?
(7) Combien 3 mq valent-ils de dmq ?
(8) — 15 dmq — cmq ?
(9) La récolte d'un champ a produit 794 fr. 50 ; les frais de culture se sont élevés à 145 fr. 75. Quel est le produit net ?
(10) Un employé qui avait 1365 francs à la caisse d'épargne a retiré successivement 175 francs, 325 francs et 55 francs. Combien la caisse lui doit-elle encore ?
(11) J'ai acheté du drap à 8 fr. 75 le mètre et l'ai revendu à 9 fr. 25 le mètre. Combien ai-je gagné sur 10 mètres ?
(12) Un père laisse 15 000 francs à ses trois enfants ; l'aîné a 8000 francs, le cadet 4500 francs. Quelle est la part du plus jeune ?
(13) Albert avait 147 fr. 50 ; il achète d'abord un vêtement qu'il paye 85 francs, puis un chapeau 7 fr. 75 et une paire de souliers de 13 fr. 95. Combien lui reste-t-il ?
(14) Combien manque-t-il à 0,047 pour égaler 10 ?

CALCUL MENTAL

(1) Julien a remis à son maître pour la caisse d'épar-

gne scolaire 3 gros sous hier et 0 fr. 25 aujourd'hui. Combien a-t-il économisé en 2 jours ?

(2) Combien y a-t-il de dixièmes dans deux dizaines ?

(3) Combien 2 décamètres font-ils de mètres ? de décimètres ?

(4) Combien font 9 fois 3 ? 10 fois 3 ? 12 fois 3 ?

(5) Une servante est payée 30 francs par mois. Que gagne-t-elle en 3 mois ? en 6 mois ? en un an ?

(6) Combien font 9 et 7 ? 19 et 7 ? 29 et 7 ? 39 et 7 ?

(7) Combien font 7 litres plus $15^l,45$?

(8) Que manque-t-il à $8^m,7$ pour faire un Dm ?

(9) Combien y a-t-il de décimètres carrés dans 2 mètres carrés ? 4 mètres carrés ?

(10) Combien y a-t-il de centimètres carrés dans 3 décimètres carrés ?

CINQUANTE-TROISIÈME LEÇON

Tableau des mesures de surface, de leurs signes abréviatifs, et des nombres indiquant ce que vaut chaque mesure comparée au mètre carré.

MESURES	SIGNES ABRÉVIATIFS	VALEURS COMPARÉES AU MÈTRE CARRÉ
Myriamètre carré..	Mmq.	100000000
Kilomètre — ..	Kmq.	1000000
Hectomètre — ..	Hmq.	10000
Décamètre — ..	Dmq.	100
Mètre — ..	mq.	1
Décimètre — ..	dmq.	0,0
Centimètre — ..	cmq.	0,0001
Millimètre — ..	mmq.	0,000001

ET DE GÉOMÉTRIE

EXERCICES SUR LES PLANCHETTES

(1) Combien un carré ayant 6 centimètres de côté vaudrait-il de fois le centimètre carré ?

(2) Combien un carré ayant 2 décamètres de côté vaudrait-il de fois le décamètre carré ?

(3) Combien faut-il de Dmq pour faire un Hmq ?
(4) — mq — Hmq ?
(5) — dmq — Dmq ?
(6) — cmq — dmq ?
(7) — cmq — mq ?

(8) Combien faut-il de cmq pour faire un Dmq ?

(9) Quel nom donne-t-on à la centième partie du Dmq ?
(10) — — du Kmq ?

(11) L'Amérique a été découverte par Christophe Colomb en 1492. Depuis combien d'années cette découverte est-elle faite ?

(12) En vendant ma maison 15000 francs, j'ai fait un bénéfice de 1845 francs. Combien l'avais-je payée ?

(13) La population d'une école composée de 4 classes est de 208 élèves. La première classe compte 40 élèves, la deuxième 46 et la troisième 53. Combien y a-t-il d'élèves dans la quatrième classe ?

(14) Que manque-t-il à $3^{Km},07$ pour faire 10000 m. ?

(15) Combien y a-t-il d'oranges dans 7 caisses qui en contiennent chacune 39 ?

CALCUL MENTAL

(1) Combien font $2^m,85$ plus 7 mètres ?
(2) — $8^m,17$ moins $4^m,15$?
(3) — $38^{gr},35$ moins $8^{gr},25$?
(4) — $90^{fr},65$ moins $30^{fr},20$?
(5) Combien manque-t-il à 52 mètres pour faire un Hm ?
(6) — 50 dmq — mq ?
(7) — 80 cmq — dmq ?
(8) — 98 mq — Dmq ?

(9) Combien font 6 fois 20? 5 fois 30? 4 fois 40? 3 fois 50?

(10) Calculer $5+6-1$; $3+4-6$; $4-2+3$; $34-27$.

CINQUANTE-QUATRIÈME LEÇON

Pour lire et pour écrire un nombre exprimant des surfaces, on lit et on écrit d'abord la partie entière, comme un nombre ordinaire, puis on partage la partie décimale en tranches de *deux* chiffres. Ainsi $5^{mq},7398$ s'énonce : 5 mètres carrés, 73 décimètres carrés, 98 centimètres carrés.

On voit qu'il faut deux chiffres pour représenter chaque unité de surface.

EXERCICES SUR LES PLANCHETTES

(1) Lire le nombre $3^{mq},17$ en énonçant séparément chaque unité.
(2) — $7^{mq},2631$ —
(3) — $8^{mq},0421$ —
(4) — $0^{mq},765$ —
(5) — $0^{mq},0003$ —
(6) — $9^{mq},009$ —

(7) Combien y a-t-il de mq. dans   5 Dmq?
(8)   — $6^{Dmq},7$?
(9) Combien y a-t-il de Dmq dans   300 mq?
(10) Combien y a-t-il de Kmq dans 10000 Dmq?

(11) Écrire le nombre 3 mètres carrés, 28 décimètres carrés.

(12) Écrire le nombre 0 mètre carré, 17 décimètres carrés, 65 centimètres carrés.

(13) Écrire le nombre 1 mètre carré, 9 décimètres carrés.

(14) Écrire le nombre 0 mètre carré, 26 décimètres carrés, 5 centimètres carrés.

(15) Écrire le nombre 0 mètre carré, 1 décimètre carré, 1 centimètre carré.

(16) Écrire le nombre 23 mètres carrés, 8 centimètres carrés.

(17) Une personne donne une pièce de 20 francs pour payer une dette de 11^{fr},75. Combien doit-on lui rendre?

(18) Une marchande d'oranges a reçu 3 caisses. La 1re contient 260, la 2e, 485 et la 3e, 375. Combien a-t-elle reçu d'oranges?

(19) Trouver le reste d'une soustraction dont les deux nombres sont 4187,9 et 892,85.

(20) Je revends avec 12 350^{fr},70 de bénéfice une propriété au prix de 80 750^{fr},95. Quel était le prix d'achat?

(21) Un champ avait 8749 mètres carrés de surface; mais on en a vendu 14 décamètres carrés pour faire un jardin. Quelle est l'étendue de ce qui reste?

CALCUL MENTAL

(1) Combien manque-t-il à 158 mètres pour faire 16 décamètres?

(2) Combien manque-t-il à 6 décamètres pour faire un hectomètre?

(3) Il me manque 18 francs pour payer une dette de 37 francs. Combien ai-je?

(4) Combien me reste-t-il sur une pièce de 10 francs après avoir payé 8^{fr},25?

(5) Combien y a-t-il d'hectomètres carrés dans 87 403 mètres carrés?

(6) Combien font 45 — 30? 42 — 30? 45 — 6?

(7) Jules a 4 pièces de 20 francs et Ernest 2 pièces de 50 francs. Qui a le plus?

(8) Combien valent de francs 15 pièces de 0^{fr},50? 20 pièces de 0^{fr},20?

(9) Quelle somme paierait-on avec 40 pièces de 5 francs et 2 pièces de 20 francs?

(10) Combien font 0^{fr},85 — 0^{fr},15?

(11) Combien font 0ᵐ,95 — 0ᵐ,60?
(12) Combien un dixième de mètre carré vaut-il de dmq?

CINQUANTE-CINQUIÈME LEÇON

EXERCICES SUR LE CHANGEMENT D'UNITÉ

EXEMPLE Ier. — *Exprimer en décamètres carrés* 580 mq.
Comme le Dmq vaut 100 mq, il en résulte que les Dmq sont des centaines de mq et, par suite, occupent le troisième rang à gauche. On trouve, par conséquent 5^{Dmq},80.

EXEMPLE II. — *Exprimer en hectomètres carrés* 74 Dmq.
Comme l'hectomètre carré vaut 100 décamètres carrés, il y a 100 fois moins d'hectomètres carrés que de décamètres carrés. Il faut donc rendre le nombre 74 100 fois plus petit et on aura 0^{Hmq},74.

EXEMPLE III. — *Exprimer en centimètres carrés* 5 mq.
Comme le dmq est 100 fois plus petit que le mètre carré, il y a 500 dmq dans 5 mq.
Comme le centimètre carré est à son tour 100 fois plus petit que le dmq, il y aura 100 fois plus encore de cmq, c'est-à-dire 50 000 cmq.

EXERCICES SUR LES PLANCHETTES

(1) Exprimer en mq   7^{Dmq},8.
(2)   —   3 Hmq.
(3)   —   2 Kmq.
(4)   —   5^{Hmq},03.
(5)   —   en Dmq 8 Hmq.
(6)   —   en Hmq 7^{Kmq},03.
(7)   —   en dmq 6^{mq},05.
(8)   —   en dmq 47 cmq.
(9)   —   en dmq 3 cmq.

(10) Exprimer en cmq 85 mmq.

(11) Un régiment de cavalerie contient 4 escadrons ; le 1er a 145 chevaux, le 2e 157, le 3e 152, le 4e 129. Quel est le nombre de chevaux de ce régiment ?

(12) On a mélangé 300 kilos de salpêtre avec 50 kilos de soufre et 50 kilos de charbon pour faire de la poudre à canon ; combien a-t-on de kilos de poudre ?

(13) La première race des rois de France, celle des Mérovingiens, a commencé à régner en 420 ; la deuxième race, celle des Carlovingiens, en 752. Combien d'années a duré la race des Mérovingiens ?

(14) La construction d'un mur de 600 mètres est estimée 2400 francs ; il y en a 452 mètres de construits pour 1808 francs. Combien reste-t-il de mètres à construire et quelle sera la dépense de ce reste ?

(15) Une maison a été achetée 36500 francs. Le propriétaire y fait pour 5847 francs de réparations ; puis il la revend en gagnant 4153 francs. Combien l'a-t-il revendue ?

CALCUL MENTAL

(1) Quel bénéfice fait-on en vendant 90 francs un fauteuil acheté 78 francs ?

(2) Combien s'écoule-t-il de jours du 9 au 25 d'un mois ?

(3) Combien y a-t-il de dixièmes dans une dizaine ?

(4) — centaine ?

(5) Combien y a-t-il de décimètres dans 2 décamètres ?

(6) Combien faut-il de dmq pour faire 3mq ?

(7) $5 + 18 - 10$.

(8) $17 + 10 - 5$.

(9) $14 - 5 + 3$.

(10) $2,5 + 1,5 - 2$.

CINQUANTE-SIXIÈME LEÇON

MESURES AGRAIRES

Les mesures *agraires* sont celles qui sont employées pour évaluer l'étendue des champs.

L'unité principale des mesures agraires est *l'are*.

L'*are* est égal au *décamètre carré*, c'est-à-dire à un carré de 10 mètres de côté; il vaut, par conséquent, 100 *mètres carrés*.

L'are n'a qu'un multiple, l'*hectare*, qui vaut 100 *ares*, et qui, par suite, est égal à l'*hectomètre carré*.

L'are n'a qu'un sous-multiple, le *centiare*, qui est la *centième partie de l'are*, et qui, par suite, est égal au *mètre carré*.

Les unités agraires, *hectare*, *are* et *centiare* ne sont donc pas autre chose que l'*hectomètre carré*, le *décamètre carré* et le *mètre carré*: les noms seuls diffèrent.

EXERCICES SUR LES PLANCHETTES

(1) $48^{ares},7$ — $17^{ares},89$
(2) 645^{mq} — $78^{mq},95$
(3) 7^{kgs} — $3^{kgs},897$
(4) Combien l'are vaut-il de centiares ou de mq?
(5) Combien l'hectare vaut-il d'ares ou de Dmq?
(6) Combien l'hectare vaut-il de centiares?
(7) Exprimer 3 ares en mq.
(8)   —   5 ^{ha} en ares.
(9)   —   17 ,5 en centiares.
(10) Combien faut-il de centiares pour faire 2 ares?
(11) On a labouré 79 ares, 25 dans une pièce de terre de 4 hectares. Que reste-t-il encore à labourer?
(12) Une marchande achète du poisson pour 154 francs et du gibier pour 236 francs. Elle revend le poisson 205 francs et le gibier 294 fr. 50. Quel est son bénéfice?

(13) Un général est entré en campagne avec une armée de 55 000 hommes; dans une bataille il a perdu 1341 soldats, puis il a reçu un renfort de 3096 hommes. De combien de soldats se compose l'armée actuelle?

(14) Une bibliothèque contenait 1250 volumes; un incendie en ayant détruit une partie, il ne reste plus que 768 volumes. Combien y en a-t-il eu de brûlés?

(15) La superficie de la France est de 528 573 kilomètres carrés et la ville de Paris s'étend sur une surface de 7800 hectares. Quelle est l'étendue du reste de la France?

CALCUL MENTAL

(1) Combien font $20 + 30$? — $50 + 70$? — $70 + 80$?
(2)   — $50 - 30$? — $85 - 20$? — $92 - 70$?
(3) Combien y a-t-il de minutes depuis midi jusqu'à 1 h. 42?
(4) Combien faut-il de centiares pour faire un décamètre carré?
(5) Combien font $60 - 12$? — $46 - 7$? — $77 - 9$?
(6) Je vends 12 francs un objet qui me coûte 9 francs. Quel est mon bénéfice?
(7) On a acheté 5 douzaines d'huîtres et l'on en a mangé 39. Combien en reste-t-il?
(8) Si un mètre de drap coûte 12 francs, que coûtent 10 mètres et demi?
(9) Lorsqu'un litre de vin vaut 0 fr. 80, que vaut un décalitre?
(10) Que vaut 1 are en mètres carrés?
(11) A 12 francs l'are, que vaut un hectare de terrain?
(12) Combien font 3 fr. 25 moins 2 francs?
(13) Combien font $18^m,90$ moins 11 mètres?
(14) Combien font 7l,20 moins 5l,10?

CINQUANTE-SEPTIÈME LEÇON

Tableau des mesures agraires.

MESURES	SIGNES ABRÉVIATIFS	VALEURS COMPARÉES A L'ARE	VALEURS COMPARÉES AU MÈTRE CARRÉ
Hectare ou *Hmq.*	Ha.	100	10000
Are ou *Dmq.*	a.	1	100
Centiare ou *mq.*	ca.	0,01	1

Pour lire et pour écrire un nombre qui a l'hectare pour unité, on lit et on écrit les hectares comme s'il s'agissait d'un nombre ordinaire. Puis on affecte les deux chiffres suivants aux ares, et les deux suivants aux centiares. Ainsi 12^{Ha},423 se lisent 12 hectares, 42 ares, 30 centiares.

Quand une tranche n'a qu'un chiffre on la complète par un zéro.

EXERCICES SUR LES PLANCHETTES

(1) Exprimer 2$_{Ha}$,5 en ares.
(2)   —   0^{Ha},87 en ares.
(3)   —   5^a,43 en centiares.
(4)   —   0^a,09 en centiares.
(5) Combien y a-t-il d'hectares dans 50 000 centiares ?
(6) Combien 17 Dmq. valent-ils de centiares ?
(7)   —   3 Kmq.   —   d'hectares ?
(8)   15 Ha. — 8^a,07.
(9)   36^a,05 — 8^a,9.
(10) 15 Kmq. — 37^{Hmq},65.
(11) Paul a 1^m,35 de taille et sa petite sœur 1^m,27.

Quelle différence y a-t-il entre la taille du frère et celle de la sœur ?

(12) Une route a $18^{Km},350$, une autre $11^{Km},375$. Quelle différence de longueur ont-elles ?

(13) Un épicier perd 189 fr. 50 sur des marchandises qu'il avait achetées 1739 fr. 45. Combien les a-t-il vendues ?

(14) Quelle quantité de farine donnent 100 kilogrammes de blé, sachant qu'on en retire $23^k,450$ de son et $2^k,830$ de déchet ?

(15) Une salle dont le parquet a $39^{mq},58$ de surface doit recevoir un tapis qui n'a que $28^{mq},49$. Quelle étendue de cette salle ne sera pas recouverte par ce tapis ?

CALCUL MENTAL

(1) Combien font $45 - 37$? $80 - 71$? $99 - 11$? $85 - 12$?

(2) Combien font $50 + 20$? $60 + 30$? $70 + 30$? $80 + 15$?

(3) Combien font 40×3 ? 40×5 ? 50×3 ? 70×4 ?

(4) Quelle somme font 6 pièces de 0 fr. 20 ?

(5) Une propriété de 28 hectares doit être divisée en 4 lots égaux. Quelle sera l'étendue de chacun ?

(6) Henri a 9 ans : quel sera son âge dans 10 ans ? dans 15 ans ?

(7) Combien un billet de 500 francs vaut-il de pièces de 20 francs ?

(8) Si un litre de vin vaut 0 fr. 60, que vaut 1 hectolitre ? 1/2 hectolitre ?

(9) Je donne 3 pièces de 10 francs pour payer 3 parapluies valant 9 francs chacun. Quelle somme doit-on me rendre ?

(10) Une jeune fille dépense 0 fr. 60 chez le boulanger et 0 fr. 80 chez le boucher. Que lui reste-t-il des 2 francs que sa mère lui avait donnés ?

CINQUANTE-HUITIÈME LEÇON

Multiplication. — *Une orange coûte 5 centimes; Léon en a acheté 4; combien doit-il donner?*

Pour 2 oranges, on devrait payer 2 fois 5 centimes, ou $(5+5)$ centimes.

Pour 3 oranges, on devrait payer 3 fois 5 centimes, ou $(5+5+5)$ centimes.

Pour 4 oranges, on devrait payer 4 fois 5 centimes, ou $(5+5+5+5)$ centimes.

Pour obtenir le prix de quatre oranges, nous avons dû répéter 5 centimes 4 fois. L'opération que nous venons de faire est une *multiplication*.

Définition. — La *multiplication* est une opération qui a pour but de répéter un nombre appelé *multiplicande* autant de fois qu'il y a d'unités dans un autre nombre appelé *multiplicateur*.

Le résultat s'appelle *produit*.

Signe. — Le signe de la multiplication est le suivant : $(\times)$, qui s'énonce *multiplié par*. Ainsi 5×4 signifie 5 multiplié par 4.

EXERCICES SUR LES PLANCHETTES

(1) $5+5+5$ ou 5×3.
(2) $6+6+6$ ou 6×3.
(3) $4+4+4+4$ ou 4×4.
(4) $2+2+2+2+2$ ou 2×5.
(5) $7+7+7$ ou 7×3.
(6) $17 + 13 - 9$.
(7) $28 - 8 + 1,5$.
(8) Combien y a-t-il de mq. dans $7^{hmq},005$?
(9) Combien faut-il de ca. pour faire 9 ares?

(10) Combien faut-il d'ares pour faire 15 Hmq. ?
(11)   —   —   de ca. pour faire 2 Dmq. ?
(12) Combien le centiare vaut-il de dmq. ? de cmq. ?
(13) Quelle est l'unité des mesures agraires 10000 fois plus grande que le mètre carré ?
(14) Quel est le revenu annuel d'une société composée de 47 membres payant chacun 8 francs de cotisation ?
(15) J'ai 52 fr.50. Combien me manque-t-il pour payer un pantalon de 28 francs et un veston de 45 fr. 80 ?
(16) Un négociant a vendu un objet 625 francs ; s'il l'avait vendu 42 francs de plus, il aurait gagné 90 francs. Combien lui coûtait cet objet ?
(17) Dans les gares, on pèse les colis sur de petites voitures que l'on roule sur une bascule placée au niveau du sol. Quel est le poids d'une malle sachant que la bascule accuse $109^k,680$ et que la voiture pèse 45 kilogrammes ?
(18) Paris, en 1817, comptait 743966 habitants : en 1886, on a compté dans cette ville 2344550 personnes. De combien d'habitants la population de Paris a-t-elle augmenté dans cet intervalle ?

CALCUL MENTAL

(1) Au lieu de payer avec 2 pièces de 10 francs, quelles pièces peut-on donner ?
(2) Combien font 30 — 15 ? 40 — 17 ? 28 — 12 ? 19 — 7 ?
(3) Combien font 18 + 12 ? 19 + 13 ? 28 + 15 ? 70 + 18 ?
(4) Combien valent 7 pièces de 5 francs ? 73 pièces de 1 franc ?
(5) Un ouvrier gagne 5 francs par jour. Que gagne-t-il en 6 jours ?
(6) Auguste place 2 francs par mois à la caisse d'épargne. Que place-t-il par an ?
(7) Compter par soustraction, de 6 en 6, de 79 à 1 (79, 73, 67, etc.)

(8) Combien peut-on avoir de billets de 100 francs avec 4 pièces de 50 francs ?

(9) Combien font 9^m,45 moins 3^m,40 ?

(10) Combien font 16^m,18 moins 14^m,20 ?

(11) À 8 francs le cent de cahiers, quel est le prix de 600 ?

(12) Combien font 5 fois 20 crayons ?

CINQUANTE-NEUVIÈME LEÇON

1er CAS

Multiplication. — Dans une multiplication, le multiplicande et le multiplicateur sont appelés les *facteurs du produit*. Ainsi, dans le cas de $4 \times 5 = 20$, 4 et 5 sont les facteurs du produit 20.

Les multiplications les plus simples sont celles dans lesquelles le multiplicande et le multiplicateur n'ont l'un et l'autre qu'un seul chiffre. Dans ce cas, il faut savoir les produits par cœur ; ces produits sont contenus dans la *table de multiplication*, qu'il est nécessaire de bien connaître.

Table de multiplication.

2 fois	1 font	2(1)	3 fois	1 font	3	4 fois	1 font	4
2 —	2 —	4	3 —	2 —	6	4 —	2 —	8
2 —	3 —	6	3 —	3 —	9	4 —	3 —	12
2 —	4 —	8	3 —	4 —	12	4 —	4 —	16
2 —	5 —	10	3 —	5 —	15	4 —	5 —	20
2 —	6 —	12	3 —	6 —	18	4 —	6 —	24
2 —	7 —	14	3 —	7 —	21	4 —	7 —	28
2 —	8 —	16	3 —	8 —	24	4 —	8 —	32
2 —	9 —	18	3 —	9 —	27	4 —	9 —	36

(1) Il faut s'habituer à opérer rapidement, en prononçant le moins de mots possible.

ET DE GÉOMÉTRIE

5 fois 1 font 5	6 fois 1 font 6	7 fois 1 font 7
5 — 2 — 10	6 — 2 — 12	7 — 2 — 14
5 — 3 — 15	6 — 3 — 18	7 — 3 — 21
5 — 4 — 20	6 — 4 — 24	7 — 4 — 28
5 — 5 — 25	6 — 5 — 30	7 — 5 — 35
5 — 6 — 30	6 — 6 — 36	7 — 6 — 42
5 — 7 — 35	6 — 7 — 42	7 — 7 — 49
5 — 8 — 40	6 — 8 — 48	7 — 8 — 56
5 — 9 — 45	6 — 9 — 54	7 — 9 — 63
8 fois 1 font 8	9 fois 1 font 9	10 fois 1 font 10
8 — 2 — 16	9 — 2 — 18	10 — 2 — 20
8 — 3 — 24	9 — 3 — 27	10 — 3 — 30
8 — 4 — 32	9 — 4 — 36	10 — 4 — 40
8 — 5 — 40	9 — 5 — 45	10 — 5 — 50
8 — 6 — 48	9 — 6 — 54	10 — 6 — 60
8 — 7 — 56	9 — 7 — 63	10 — 7 — 70
8 — 8 — 64	9 — 8 — 72	10 — 8 — 80
8 — 9 — 72	9 — 9 — 81	10 — 9 — 90

EXERCICES SUR LES PLANCHETTES

(1) 5×3
(2) 6×2
(3) 7×4
(4) 8×2
(5) 8×3
(6) 8×4
(7) 7×5
(8) 7×7
(9) 8×6
(10) 6×9
(11) 9×6 (1)
(12) 9×7
(13) 8×8
(14) 8×9
(15) 9×8
(16) 7×8
(17) 8×7
(18) 9×9

(19) Je me suis acquitté d'une dette en faisant 5 payements de chacun 400 francs. A combien s'élève cette dette?

(20) Un cultivateur vend 300 hectolitres de pommes de

---

(1) Le produit d'une multiplication ne change pas quand on change l'ordre des facteurs, c'est-à-dire quand on prend pour multiplicande le multiplicateur et réciproquement. Ainsi 9×6, c'est la même chose que 6×9.

terre à 9 francs l'un. Quel est le montant de cette vente?

(21) Un ouvrier et sa femme gagnent ensemble 8 fr.45 par jour. Que gagne le mari, si la femme gagne 2 fr. 75?

(22) J'ai occupé un ouvrier pendant 25 jours à 4 francs par jour. Combien lui dois-je?

(23) On a pris, sur une somme de 18 400 francs, la moitié de cette somme, puis 4235 francs, puis 1940 francs. Combien reste-t-il?

CALCUL MENTAL

(1) Combien font 52 — 40? 40 — 27? 100 — 81? 83 — 11?

(2) Combien font 27 + 8? 43 + 20? 34 + 12? 36 + 7?

(3) Que valent 2 stères de bois à 14 francs le stère?

(4) Que valent 2 mètres de calicot à 1 fr. 25 le mètre?

(5) Une ouvrière reçoit 27 francs pour 9 journées de travail. Combien gagne-t-elle par jour?

(6) Combien y a-t-il de minutes dans 1 heure 1/2, 2 heures, 3 heures 1/2?

(7) Un vitrier pose 7 carreaux à 4 francs. Combien lui doit-on?

(8) Que devient le nombre 0,85, si l'on écrit un ou deux zéros à sa droite?

(9) Quel est le nombre 10 fois plus grand que 7 litres?

(10) Quels sont les nombres 100 fois plus grands que 1, 5, 8, 9?

(11) Combien font 5 fois 300? 4 fois 700? 3 fois 900?

(12) Combien faut-il de pommes pour faire vingt dixièmes de pomme?

SOIXANTIÈME LEÇON

2ᵉ CAS

Multiplication. — Pour multiplier un nombre de plusieurs chiffres par un nombre d'un seul, on écrit le chiffre du multiplicateur sous le chiffre des unités du multiplicande et on tire un trait au-dessous du multiplicateur. Puis, commençant par la droite, on multiplie successivement tous les chiffres du multiplicande par le multiplicateur. Si un produit partiel surpasse 9, on écrit seulement les unités de ce produit, et l'on retient les dizaines pour les ajouter au produit suivant.

EXEMPLE. — *Soit à multiplier* 653 par 4.

```
 653 ...multiplicande.
   4 ...multiplicateur.
────
2612 ...produit.
```

On dit : 4 fois 3 unités font 12 unités ; on pose 2 à la colonne des unités et on retient 1 pour la colonne des dizaines ; 4 fois 5 dizaines font 20 dizaines, et 1 dizaine de retenue, 21 dizaines ; on pose 1 à la colonne des dizaines et on retient 20 dizaines ou 2 centaines pour la colonne des centaines ; 4 fois 6 centaines font 24 centaines, et 2 centaines de retenue, 26 centaines : on pose 6 à la colonne des centaines et on avance 2 à la colonne des mille.

EXERCICES SUR LES PLANCHETTES

(1) 32×4 (6) 320×5
(2) 45×3 (7) 840×4
(3) 275×2 (8) 723×6
(4) 87×5 (9) 857×8
(5) 98×6 (10) 378×9

(11) Combien faut-il de centimètres carrés pour faire 2 mq. ?

(12) Combien faut-il de mètres carrés pour faire 14 Dmq.?

(13) Combien faut-il de Dmq. pour faire 1 Kmq.?

(14) Combien y a-t-il de boulets de canon dans 6 piles de chacune 150 boulets?

(15) J'ai en cave 5 rangées de chacune 26 bouteilles et trois rangées de chacune 18 bouteilles. Combien ai-je de bouteilles?

(16) On a acheté 28 mètres de drap à 6 francs le mètre et 55 mètres de toile à 3 francs le mètre. Combien a-t-on dépensé?

(17) Une usine emploie 875 kilogrammes de charbon par jour. Combien en emploie-t-elle en 6 jours?

(18) Un boucher vend 249 kilos de bœuf, 98 kilos de veau et 65 kilos de mouton, le tout à 2 francs le kilo. Quelle somme a-t-il reçue?

CALCUL MENTAL

(1) Si l'on divisait 24 000 francs en 4 parties égales, de combien chaque part?

(2) J'ai une pièce de 20 francs et une pièce de 10 francs. Je dépense 15 francs. Combien me reste-t-il?

(3) Combien font 90 fr. + 20 fr.? 48 fr. + 20 fr.? 50 fr. + 25 fr.?

(4) Combien dois-je payer 3 mètres de soie à 12 francs le mètre?

(5) Une classe renfermait 40 élèves; il en est sorti 5 et rentré 7. Combien en reste-t-il?

(6) Louis désire donner 7 bonbons à chacun de ses 8 petits camarades. Combien lui en faut-il?

(7) Une somme de 28 francs doit être divisée entre 4 personnes. Quelle sera la part de chacune?

(8) Combien font 63 fois 3 plumes? 31 fois 8 règles?

(9) Combien font 72 et 28? 84 et 13?

(10) Combien faut-il d'oranges pour faire 40 dixièmes d'orange?

SOIXANTE ET UNIÈME LEÇON

Rendre un nombre entier 10 fois, 100 fois, 1000 fois plus grand, ou le multiplier par 10, par 100, par 1000 (1).

On rend un nombre entier :
10 fois plus grand, en écrivant un zéro à sa droite.
100 — deux zéros —
1000 fois — trois zéros —

EXEMPLE. — Soit à rendre 10 fois plus grand le nombre 7. On mettra un zéro à la droite de 7, ce qui donnera 70, qui est 10 fois plus grand. En effet, le zéro a fait reculer d'un rang vers la gauche le chiffre 7; il l'a fait passer du rang des unités au rang des dizaines; au lieu de 7 unités, nous avons 7 dizaines, ce qui est 10 fois plus grand; on a donc multiplié 7 par 10.

Le même raisonnement nous apprendrait qu'on rend un nombre 100 fois plus grand, ou qu'on le multiplie par 100, en écrivant deux zéros à sa droite, et qu'on le rend 1000 fois plus grand, ou qu'on le multiplie par 1000 en écrivant trois zéros à sa droite.

De même, si un nombre est terminé par des zéros, on le rend 10, 100... fois plus petit en supprimant 1, 2... zéros sur sa droite.

EXERCICES SUR LES PLANCHETTES

(1)	37×6		(6)	78×10
(2)	45×7		(7)	36×100
(3)	129×5		(8)	765×1000
(4)	87×9		(9)	$43,5 \times 10$
(5)	728×8		(10)	49×10000

(1) Bien que cette opération ait été indiquée précédemment, il nous paraît indispensable d'en faire l'objet d'une leçon spéciale, à titre de préliminaire du 3° cas de la multiplication.

(11) Convertir 3ʰᵃ,5 en ares et en centiares.
(12) 5 Dmq. en dmq.
(13) Exprimer en ares 18 llmq.
(14) Quel est le prix de 9 barriques de vin à 87 francs la barrique?
(15) Un enfant a 7 ans : combien a-t-il de mois?
(16) Un commis reçoit 75 francs par mois : que recevra-t-il au bout de 6 mois?
(17) Une main de papier contient 25 feuilles et une rame contient 20 mains : combien y a-t-il de feuilles dans une rame?
(18) Une usine emploie 675 kilogrammes de charbon par jour. Combien en emploie-t-elle pendant 100 jours?

CALCUL MENTAL

(1) Combien font 120 + 30? 70 + 80? 60 + 25?
(2) Combien font 40 — 10? 85 — 50? 100 — 45?
(3) Combien font 30 × 4? 40 × 5? 50 × 3?
(4) On veut distribuer 32 billes entre quatre enfants. Quelle sera la part de chacun?
(5) Un terrain a une superficie d'un hectare : on en vend 50 ares. Que reste-t-il?
(6) Combien y a-t-il de pommes dans un panier qui en contient 5 douzaines?
(7) Combien y a-t-il de dizaines et d'unités dans 4 centaines?
(8) L'heure contient 60 minutes : combien de minutes dans 3 heures?
(9) Une pièce de vin coûte 100 francs : combien coûteront 12 pièces du même vin?

SOIXANTE-DEUXIÈME LEÇON

3ᵉ CAS

Multiplication. — *Le multiplicande a plusieurs*

chiffres, et le multiplicateur est formé d'un chiffre significatif suivi de zéros.

EXEMPLE. — Un hectolitre de vin coûte 36 francs; combien coûteront 20 hectolitres?

20 hectolitres coûteront 20 fois 36 francs, ou 36 francs $\times$ 20.

Pour trouver le prix de 20 hectolitres, cherchons d'abord le prix de 2 hectolitres.

2 hectolitres coûteront 36 francs $\times$ 2, ou 72 francs.

Mais il y a 10 fois 2 hectolitres dans 20 hectolitres. Nous devons donc répéter le prix de 2 hectolitres 10 fois, ou le multiplier par 10, en écrivant un zéro à la droite de 72, ce qui donne 720 francs.

Règle. — Lorsque le multiplicateur n'a qu'un chiffre significatif suivi de zéros, on multiplie le multiplicande par le chiffre significatif du multiplicateur et on écrit ensuite à la droite du produit autant de zéros qu'il y en a au multiplicateur.

EXERCICES SUR LES PLANCHETTES

(1) 59×6
(2) 230×7
(3) 478×9
(4) 57×1000
(5) $3,8 \times 100$
(6) 37×500
(7) 59×80
(8) 147×400
(9) 2809×60
(10) 3715×900

(11) Combien y a-t-il de minutes dans 12 heures?

(12) En partageant un certain nombre de billes entre sept enfants, chacun a eu 29 billes. Quel était le nombre de billes?

(13) Combien y a-t-il de minutes dans 24 heures?

(14) Combien y a-t-il de jours dans un siècle, en comptant l'année de 365 jours?

(15) Combien placera-t-on de personnes dans une salle où il y a 50 banquettes qui contiennent chacune 25 personnes?

CALCUL MENTAL

(1) Combien font $1,5 + 2,5$? $3,4 + 1,6$? $5,7 + 0,3$?

(2) Combien font 3,6 — 2? 8,4 — 5? 3,7 — 2,1?
(3) Combien font 50 × 4? 70 × 3? 80 × 5?
(4) Combien font 3 × 40? 17 × 20? 23 × 300?
(5) Je donne un billet de 50 francs pour payer un achat de 39 fr.50. Combien doit-on me rendre?
(6) Un homme fait 6 kilomètres à l'heure; combien de mètres en 3 heures?
(7) Un hectare de vigne coûtant 5000 francs, combien coûteraient 50 ares?
(8) Un hectare de vigne coûtant 5000 francs, combien coûteraient 6 hectares?
(9) Combien 2 hmq. valent-ils de centiares?
(10) Combien 12 mq. valent-ils de centiares?

SOIXANTE-TROISIÈME LEÇON

4ᵉ CAS

Multiplication. — *Le multiplicateur a plusieurs chiffres significatifs.*

EXEMPLE. — Une brebis coûte 18 francs; combien coûteront 27 brebis?

27 brebis coûteront 27 fois 18 francs, ou 18 fr. × 27.

Nous répéterons 18, 27 fois en le répétant 7 fois par une multiplication du deuxième cas, ce qui donne 126 unités, et ensuite 20 fois par une multiplication du 3ᵉ cas, ce qui donne 360 unités, ou 36 dizaines :

En additionnant ces deux produits partiels, nous aurons bien 27 fois le multiplicande. Nous aurons, par conséquent, le produit total, qui est 486 francs.

```
                                  18
                                  27
                                 ———
  7 fois le multiplicande  =     126    unités.
 20 fois le multiplicande  =      36    dizaines.
                                 ———
 27 fois le multiplicande  =     486    unités.
```

ET DE GÉOMÉTRIE

Règle générale de la multiplication. — Pour multiplier un nombre de plusieurs chiffres par un nombre de plusieurs chiffres, on écrit le multiplicateur au-dessous du multiplicande de manière que les unités de même ordre se correspondent. Puis, en commençant par la droite, on multiplie le multiplicande successivement par chaque chiffre du multiplicateur. On écrit les produits partiels les uns au-dessous des autres de manière que le premier chiffre à droite de chacun d'eux soit au-dessous du chiffre du multiplicateur qui a servi à le former. On fait la *somme* des *produits partiels* et on a le produit cherché.

EXERCICES SUR LES PLANCHETTES

(1) 789×8
(2) 5674×9
(3) 478×600
(4) 609×700
(5) 897×8000
(6) 14×13
(7) 15×17
(8) 25×32
(9) 34×16
(10) 45×23

(11) Quelle somme faut-il à un patron pour payer à un de ses ouvriers 25 journées de travail à 6 francs par jour ?

(12) Une fermière vend 800 œufs au prix de 9 francs le cent. Combien doit-elle recevoir ?

(13) En partageant une somme entre 4 personnes, chacune a eu 755 francs. Quelle était cette somme ?

(14) Un fermier vend 26 moutons à raison de 25 francs l'un et 50 hectolitres de blé à 24 francs l'hectolitre. Quel est le montant de cette vente ?

(15) Antoine a 245 francs à la caisse d'épargne ; il veut y verser le produit de 42 journées à 4 francs. Quel sera le montant de son livret après ce versement ?

CALCUL MENTAL

(1) Combien fait 20×6 ? 30×5 ? 40×6 ? 60×3 ? 50×4 ?

(2) Combien font 3 pièces de 20 francs ? 3 pièces de 50 francs ?

(3) Combien doit-on payer pour 6 mètres d'étoffe à 7 francs le mètre ?

(4) Combien dois-je payer pour 3 kilos de sucre à 1 fr. 20 le kilo ?

(5) Je devais 27 francs à mon boulanger; je lui ai donné 12 francs. Combien lui dois-je encore ?

(6) A 8 francs la douzaine, que valent 3 douzaines de mouchoirs ?

(7) On avait 48 moutons : on en achète 10 et on en vend 2. Combien en a-t-on ?

(8) Il me manque 29 francs pour payer un meuble de 150 francs. Quelle est la somme que je possède ?

(9) Un ménage consomme 30 litres de vin en 15 jours. Quelle est sa consommation journalière ?

(10) Un champ a 2 hectares 25 ares ; on en vend 50 ares. Quelle surface reste-t-il ?

(11) Combien y a-t-il d'œufs dans 10 douzaines ?

(12) Exprimer en mq. 4 hectares, 5 ares.

SOIXANTE-QUATRIÈME LEÇON

Le multiplicateur contient des zéros intercalés.

Soit à multiplier 2947 par 3005.

Le multiplicateur contient des zéros intercalés entre 3 mille et 5 unités.

Dans ce cas, on néglige les zéros, mais on a soin de placer le premier chiffre à droite de chaque produit partiel au même rang que le chiffre du multiplicateur par lequel on le multiplie.

```
                                    2947
                                    3005
5 fois le multiplicande égale     14 735  unités.
3000 fois le multiplicande égale  8841    mille.
                                  ─────────
                                  8855735
```

ET DE GÉOMÉTRIE

EXERCICES SUR LES PLANCHETTES

(1) 745×800
(2) 867×9000
(3) 1705×70
(4) 57×65
(5) 138×23
(6) 709×45
(7) 315×203
(8) 425×304
(9) 572×2003
(10) 4562×3004

(11) Écrire en chiffres quarante-trois millièmes.
(12) — vingt-quatre centièmes.
(13) — cinq millièmes.

(14) On a fait faire pour 2945 fr.60 de réparations à une maison qui a coûté 45 000 francs. Combien faut-il la revendre pour gagner 8000 francs?

(15) Il me manque 7 fr. 25 pour payer 16 mètres de toile à 3 francs le mètre. Combien ai-je?

(16) Un panier contenait 65 œufs; on y en ajoute 12 douzaines. Combien en contient-il?

(17) Un marchand avait une pièce de drap de 48 mètres qu'il avait payée 500 francs; il l'a revendue 12 francs le mètre. Quel a été son bénéfice?

(18) Une personne qui devait 7842 francs a donné à compte 870 francs en espèces, 4 billets de 1000 francs et 8 billets de 50 francs. Combien doit-elle encore?

CALCUL MENTAL

(1) Combien font 6 fois 70? 5 fois 80? 7 fois 90? 4 fois 45?

(2) Combien font 4 pièces de 20 francs et une de 10 francs?

(3) Quelle somme font 7 pièces de 10 francs? 9 pièces de 0 fr.50?

(4) Combien dépense inutilement par jour un ouvrier qui fume pour 0 fr. 20 de tabac et prend un petit verre de 0 fr. 25?

(5) Je donne 2 pièces de 10 francs pour payer un parapluie acheté 14 fr. 50. Combien doit-on me rendre?

(6) Combien font 40 fois 11?

(7) Que trouve-t-on en ôtant 10 de 87 ?

(8) Un homme fait 4 kilomètres en une heure; quel chemin parcourt-il en trois heures et quart ?

(9) Un terrain de 2 hectares est traversé par un chemin qui occupe 8 ares. Quelle surface reste-t-il à cultiver ?

(10) J'ai dépensé 29 francs pour de la toile achetée 2 francs le mètre. Quelle est la quantité qui m'a été livrée ?

(11) Écrire le plus grand nombre de quatre chiffres.

SOIXANTE-CINQUIÈME LEÇON.

Les facteurs sont terminés par des zéros.

Quand le multiplicande et le multiplicateur sont terminés par des zéros, on opère sans en tenir compte; mais on ajoute au produit autant de zéros qu'il y en a dans les deux facteurs.

EXEMPLE. — Soit à multiplier 35 000 par 90.

Dans ce cas, on multiplie simplement 35 par 9, ce qui donne 315, et à la droite de ce produit on met quatre zéros.

Le produit $35\,000 \times 90 = 3\,150\,000$.

EXERCICES SUR LES PLANCHETTES

(1) 857×44
(2) $7\,034 \times 52$
(3) 408×503
(4) $3\,047 \times 3\,002$
(5) 379×250
(6) $3\,500 \times 70$.
(7) $2\,900 \times 90$
(8) $24\,000 \times 80$
(9) $34 \times 5 - 160$
(10) $52 \times 4 + 20$

(11) Écrire deux nombres dont la somme égale 32.

(12) Ajouter $7^{ha},5$ à 35 ares.

(13) Rendre 100 fois plus petit le nombre 13 000.

(14) Un domestique gagne 45 francs par mois et se fait 50 francs d'étrennes par an. Quel est son gain annuel ?

(15) Un négociant dépense 3618 francs par mois pour payer ses employés. Combien dépense-t-il en un an ?

(16) Un héritage doit être partagé entre trois personnes : la première recevra 25 000 francs, la deuxième 32 000 francs et la troisième 20 000 francs de moins que la part totale des deux autres. Quelle sera cette dernière part ?

(17) Quelle somme doit-on pour 2400 ares de terrain achetés au prix de 1 fr. 80 le centiare ?

(18) Cinq enfants reçoivent chacun 9885 francs après la mort de leurs parents et cela après avoir payé une dette de 15 325 francs. Quelle était la fortune des parents ?

CALCUL MENTAL

(1) Combien font 60 fois 4 ? 50 fois 6 ? 70 fois 3 ?

(2) Une fermière vend 9 canards 27 francs ; quel est le prix d'un canard ?

(3) Sur 52 poules, il en meurt 11. Combien en reste-t-il ?

(4) Combien font $700 + 40 + 7$?

(5) Si un mouton coûte 16 francs, combien coûteront 10 moutons ? 20 moutons ?

(6) Une fermière a vendu 10 douzaines d'œufs 15 francs. Quel est le prix de la douzaine ? de 2 douzaines ? de 5 douzaines ?

(7) Combien y a-t-il de jours dans vingt semaines ?

(8) Quel est le prix de 30 pantalons à 20 francs l'un ?

(9) Quel nombre obtient-on si l'on ajoute à 100 3 fois 50 ?

(10) Si 3 douzaines d'œufs valent 3 fr. 60, que vaut un œuf ?

(11) 36 personnes dînent ensemble et dépensent 180 francs. Que dépense chacune d'elles ?

(12) Combien font $800 \times 4 - 200$?

SOIXANTE-SIXIÈME LEÇON

Multiplication des nombres décimaux. — La multiplication des nombres décimaux se fait comme celle des nombres entiers, mais on sépare à la droite du produit, par une virgule, à partir de la droite, autant de chiffres décimaux qu'il y en a dans les deux facteurs.

EXEMPLE. — Soit à faire les multiplications suivantes :

```
   1er Exemple        2e Exemple
      5,67              1,409
       14                0,05
     ─────             ───────
     2268              0,07045
     567
     ─────
     79,38
```

Dans le 1er exemple il y a deux chiffres décimaux au multiplicande ; il n'y en a pas au multiplicateur. On sépare deux chiffres décimaux sur la droite du produit, ce qui donne 79,38.

Dans le 2e exemple, le multiplicande a trois chiffres décimaux, le multiplicateur deux, ce qui donne en tout cinq chiffres décimaux. Le produit n'ayant que quatre chiffres, on complète le nombre cinq par un zéro, qu'on sépare par une virgule du zéro des unités. On obtient ainsi 0,07045.

EXERCICES SUR LES PLANCHETTES

(1) 3700×89 (6) $7,5 \times 8,2$
(2) 5600×90 (7) $84 \times 9,5$
(3) 4587×34 (8) $0,37 \times 4,6$
(4) 590×70 (9) $28,75 \times 3,5$
(5) 7800×320 (10) $0,89 \times 0,74$

(11) Écrire en chiffres trois unités sept centièmes.
(12) — onze unités vingt-cinq millièmes.

ET DE GÉOMÉTRIE

(13) Écrire en chiffres mille vingt-trois centièmes.
(14) Si un mouton coûte 25 francs, combien coûtent 10 moutons? 100 moutons?
(15) Si 10 chevaux ont coûté 5000 francs, combien coûte un cheval?
(16) Un ouvrier qui gagne 46 francs par semaine dépense 4 francs par jour. Que lui reste-t-il à la fin de la semaine?
(17) Une personne a parcouru 35^{km},400 en voiture, 18 kilomètres à pied et 32 à cheval. Combien a-t-elle parcouru de kilomètres?
(18) Combien y a-t-il de minutes dans 5 heures 25 minutes?

CALCUL MENTAL

(1) S'il faut 3 verres d'eau pour remplir un 1/2 litre, combien en faut-il pour remplir 1 litre, 2 litres, 5 litres, 10 litres?
(2) Par quel nombre faut-il multiplier ou diviser 250 pour obtenir 25; 2500; 2,50; 25 000?
(3) Si une chemise coûte 7 fr. 50, combien coûtent 2 chemises, 4 chemises, 8 chemises?
(4) Si un livre coûte 5 francs, combien valent 10 livres, 100 livres, 1000 livres?
(5) Que coûtent 8 tonneaux de vin à 100 francs l'un?
(6) Il reste 120 mètres d'une pièce d'étoffe qui avait 240 mètres. Combien en a-t-on vendu?
(7) Combien de fois une somme de 7 francs est-elle contenue dans 28 francs, dans 35 francs, dans 49 francs, dans 42 francs?
(8) Quels nombres divisés par 10 ont donné 16, 18 et 45?
(9) Dans le nombre 2,52 combien le 2 de gauche vaut-il de fois plus que le 2 de droite?

SOIXANTE-SEPTIÈME LEÇON

Pour multiplier un nombre décimal par 10, 100, 1000, c'est-à-dire pour le rendre 10, 100, 1000 fois plus grand, on avance la virgule de 1, de 2, de 3 rangs vers la droite.

Ainsi 0,843 multiplié par 10 égale 8,43
   0,843 — 100 — 84,3
   0,843 — 1000 — 843

De même 3,9 multiplié par 10 égale 39
   3,9 — 100 — 390
   3,9 — 1000 — 3900

Pour rendre, au contraire, un nombre décimal, 10, 100, 1000 fois plus petit, on fait l'inverse, on recule la virgule de 1, de 2, de 3 rangs vers la gauche.

Ainsi 34,7 rendu 10 fois plus petit donne 3,47
   34,7 — 100 — 0,347
   34,7 — 1000 — 0,0347

EXERCICES SUR LES PLANCHETTES

Écrire le nombre 0,35.

(1) Écrire le nombre obtenu en avançant la virgule de 2 rangs vers la droite.

(2) Quel rang le 5 occupe-t-il dans le nouveau nombre et que représente-t-il?

(3) Que représentait-il dans l'ancien?

(4) Quel rang le 3 occupe-t-il dans le nouveau nombre et que représente-t-il?

(5) Que représentait-il dans l'ancien?

(6) Combien chaque chiffre du nombre 0,35 est-il devenu de fois plus grand?

Conclure que le nombre a été rendu 100 fois plus grand.

(7) 7,8 $\times$ 0,43
(8) 57,9 $\times$ 0,045
(9) 89,43 $\times$ 0,503
(10) 0,475 $\times$ 0,089

(11) 7,5 × 100
(12) 32,47 × 1000
(13) Rendre le nombre 5,2   10 fois plus petit.
(14)   —   4,3   100   —
(15)   —   137 1000   —

(16) Quel est le poids de 2700 balles de coton pesant chacune 270 kilos?

(17) Un entrepreneur qui avait 16 ouvriers en reçoit 12, puis 24, puis 37 autres et en renvoie 15. Combien lui en reste-t-il?

(18) Un cultivateur vend 240 décalitres de pommes de terre à 1 fr. 50 le décalitre. Combien reçoit-il?

(19) Si la douzaine d'oranges revient à 1 fr. 75, combien coûtent 12 douzaines?

(20) Une personne a acheté 847 kilos de marchandise à 8 francs le kilo, et revend le tout 7865 francs. Quel est son bénéfice?

(21) Un ouvrier gagne 5 fr. 40 et dépense 3 fr. 60 par jour. Que lui reste-t-il à la fin d'une semaine où il a travaillé 6 jours?

CALCUL MENTAL

(1) On prend 11^m,5 d'étoffe sur un pièce de 24 mètres. Combien en reste-t-il?

(2) On a acheté 2 bouteilles, 12 verres et 18 assiettes. Combien d'objets en tout?

(3) Paul reçoit 14 francs d'une part et 6 francs d'autre part et met 12 francs à la caisse d'épargne. Que lui reste-t-il?

(4) A 3 fr. 45 la journée, combien font 10 journées?

(5) Combien coûtent 10 pommes à 0 fr. 02 pièce? 10 oranges à 0 fr. 15 pièce?

(6) 10 poulets ont coûté 25 francs. Quel est le prix d'un poulet?

(7) Combien reçoit par semestre et par trimestre une personne qui a 1200 francs de rente?

(8) Quel est le double de 25 ?
(9) Quel est le triple de 12 ?
(10) Quel est le quadruple de 11 ?

SOIXANTE-HUITIÈME LEÇON

Preuve de la multiplication. — On fait la preuve d'une multiplication en recommençant l'opération après avoir mis le *multiplicateur à la place du multiplicande et le multiplicande à la place du multiplicateur*. On doit trouver le même résultat dans les deux multiplications.

	Multiplication	Preuve
Multiplicande	509	427
Multiplicateur	427	509
	3563	3843
	1018	2135
	2036	217343 Produit égal
Produit	217343	

La marche à suivre est la même dans le cas des nombres décimaux.

EXERCICES SUR LES PLANCHETTES

(1) 37   × 28 et faire la preuve.
(2) 405   × 37   —
(3)   7,85 × 0,49   —
(4)   0,847 × 3,05 —
(5)   3,058 × 0,47 —
(6) Un escalier a 73 marches de 0^m,16. Quelle est la hauteur de cet escalier ?
(7) Un marchand tailleur achète 87 mètres de drap à

13 francs le mètre et 115 mètres d'alpaga à 5 francs le mètre. Que doit-il?

(8) Un négociant achète 425 sacs de farine au prix de 49 fr. 25 l'un et les revend avec un bénéfice total de 750 francs. Quelle somme doit-il recevoir?

(9) La construction d'une route coûte 29 fr. 80 par mètre. Quelle somme dépensera-t-on pour en faire 80 kilomètres?

(10) Un enfant verse 1 fr. 50 par semaine à la caisse d'épargne scolaire. Combien verse-t-il en 4 ans?

(11) Un boulanger fournit un compte de 125 kilogrammes de pain à 0 fr. 40 le kilo. Combien doit-il recevoir?

CALCUL MENTAL

(1) Que vaut un mètre de drap lorsqu'on paye 27 francs pour 3 mètres?

(2) Combien font 40 fois 60?

(3) Combien font 2 fois 24?

(4) Combien valent 20 sacs de blé à 30 francs le sac?

(5) Combien font 3 fois 47?

(6) Rendre 7 fois plus grand le nombre 9.

(7) Quel est le triple de 11?

(8) Que coûtent 7 kilos de café à 5 francs le kilo?

(9) Que valent 3 timbres-poste de 0 fr. 15?

(10) Combien faut-il de doubles-décimètres pour faire un décamètre?

(11) Si un facteur parcourt en moyenne 21 kilomètres par jour, quelle distance parcourt-il en 9 jours?

(12) Quel est le quadruple de 8? de 9? de 10? de 12? de 15?

(13) Un employé gagne 8 francs par jour, dimanches compris, et dépense 5 francs par jour. Quelles sont ses économies mensuelles?

SOIXANTE-NEUVIÈME LEÇON

Lorsqu'une ligne droite en rencontre une autre en formant deux angles égaux, elle est dite *perpendiculaire* à cette autre.

Dans la figure ci-jointe, la ligne CD est dite perpendiculaire à AB parce que les angles 1 et 2 sont égaux.

Ces angles s'appellent angles *droits*.

Lorsqu'une droite en rencontre une autre en formant deux angles inégaux, elle est dite *oblique* à cette autre.

Dans la figure ci-jointe, la ligne CD est dite *oblique*, parce que les angles 1 et 2 sont inégaux.

L'angle 1 est un angle *aigu*; c'est un angle qui a moins d'ouverture qu'un angle droit.

L'angle 2 est un angle *obtus*; il a plus d'ouverture qu'un angle droit (1).

EXERCICES SUR LES PLANCHETTES

(1) Tracer une ligne parallèle au bord supérieur de la planchette.
(2) Tracer une ligne parallèle au bord de gauche de la planchette.
(3) Comment sont ces deux lignes ?
(4) Comment appelle-t-on les angles qu'elles forment ?
(5) Dessiner un angle aigu.
(6) Dessiner un angle obtus.

---

(1) Nous donnons quelques éléments de géométrie avant de définir le cube. Cet ordre d'exposition présente l'avantage de permettre, avant d'aborder la division et les volumes, de faire une revision de la partie de l'arithmétique étudiée jusqu'ici.

(7) Tracer une ligne oblique au bord supérieur.
(8) Combien y a-t-il d'angles dans un carré ?
(9) 708 × 0,49 et faire la preuve.
(10) 56,2 × 0,083
(11) Écrire en kilomètres 19 534^m,8.
(12) Un jardinier a dans sa pépinière 651 poiriers, 450 pommiers, 115 abricotiers, 94 cerisiers, 73 pruniers et 33 pêchers. Combien a-t-il d'arbres ?
(13) Combien y a-t-il de plumes dans 65 boîtes qui en contiennent chacune 144 ?
(14) J'achète 18 douzaines d'œufs à 0 fr. 95 la douzaine. Combien dois-je ?
(15) Un vigneron, qui a récolté 123 pièces de vin, en a vendu 50 pièces à 130 francs l'une et 35 pièces à 136 francs. Quelle quantité de vin lui reste-t-il de sa récolte et quelle somme a-t-il reçue ?
(16) On a acheté 38 hectolitres de blé à 21 fr. 75 l'hectolitre. Combien doit-on encore si l'on a donné 325 francs en faisant le marché ?

CALCUL MENTAL

(1) Combien manque-t-il à 2 hectomètres pour faire 1 kilomètre ?
(2) Combien font 25 mètres et 5 décamètres ?
(3) Sur 59 rosiers, il en gèle 12. Combien en reste-t-il ?
(4) On ajoute 27 litres d'eau à 208 litres de vin. Combien a-t-on de litres de mélange ?
(5) Si un are de terrain vaut 15 francs, quel est le prix d'un hectare ?
(6) Le cent d'œufs coûtant 6 francs, quel est le prix de l'œuf ?
(7) Quel est le prix de 9 barriques de vin à 80 francs la barrique ?
(8) Combien y a-t-il de fois 6 dans 36 ? de fois 7 dans 42 ? de fois 8 dans 56 ?

(9) Si une page contient 40 lignes, combien 600 pages en contiennent-elles ?

(10) Combien remplirait-on de litres avec trente dixièmes de litre ?

SOIXANTE-DIXIÈME LEÇON

On appelle *triangle* une figure plane terminée par 3 lignes droites.

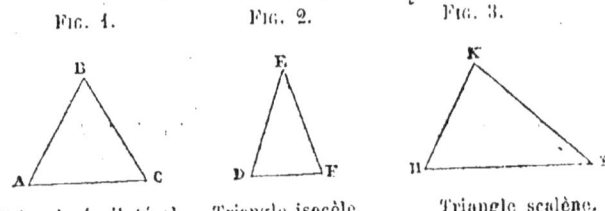

Fig. 1.   Fig. 2.   Fig. 3.

Triangle équilatéral.   Triangle isocèle.   Triangle scalène.

Lorsqu'un triangle a ses trois côtés égaux, comme dans la figure 1, on l'appelle triangle *équilatéral*.

Lorsqu'un triangle a deux côtés égaux, comme dans la figure 2, où les côtés DE et EF sont égaux, on l'appelle triangle *isocèle*.

Lorsqu'un triangle a ses côtés inégaux, comme dans la figure 3, on l'appelle triangle *scalène*.

EXERCICES SUR LES PLANCHETTES

(1) Dessiner un triangle isocèle.
(2)   —   équilatéral.
(3)   —   scalène.
(4) Dessiner un triangle ayant un angle obtus.
(5) Combien y a-t-il d'angles dans un triangle ?
(6) Au produit de $7,5 \times 0,4$ ajouter 1,578.
(7) Du produit de $46,2 \times 0,8$ retrancher 32,578.
(8) Exprimer en ares $7^{Ha},503$.

(9) Exprimer en Dmq. 407 centiares.
(10) — dmq. 8 centiares.
(11) Un gigot cru pèse 3^{kg},7 : cuit il ne pèse plus que 2^{kg},9. De combien a-t-il diminué ?
(12) J'ai revendu, avec 155 francs de perte, un cheval dont j'ai retiré 860 francs ; combien ce cheval m'avait-il coûté ?
(13) On emploie 3^m,50 de calicot pour faire une chemise. Combien en faudra-t-il de mètres pour 6 douzaines ?
(14) Un marchand achète 28 hectolitres de vin à 56 francs l'hectolitre et paye 95 francs pour le transport. Combien dépense-t-il ?
(15) Deux cultivateurs font un échange. Le premier donne 30 hectolitres de froment à 22 francs l'hectolitre. Le second rend 50 hectolitres de seigle à 15 francs. Lequel redoit à l'autre, et combien ?
(16) Que vaut un coupon de toile de 7^m,30 estimé 2 fr.25 le mètre ?

CALCUL MENTAL

(1) Si sur 14 lignes j'en barre 7, puis 5, combien en reste-t-il ?
(2) Combien font 10 fois 25 ?
(3) J'avais 25 amandes ; on m'en donne 20 et j'en mange 10. Combien m'en reste-t-il ?
(4) Que manque-t-il à 5 fr.80 pour faire 7 francs ?
(5) Combien 7 kilomètres font-ils de mètres ?
(6) Combien font 4 fois 25 ? 4 fois 35 ? 4 fois 45 ?
(7) Que manque-t-il à 6 fois 15 pour égaler 100 ?
(8) Combien y a-t-il de secondes dans 1 heure ? dans 2 heures ?
(9) Quelle est la longueur du contour d'un triangle dont les côtés sont 7 mètres, 9 mètres et 12 mètres ?
(10) Combien 16 sous font-ils de centimes ?

SOIXANTE ET ONZIÈME LEÇON

Triangle rectangle. — Le triangle *rectangle* a un angle *droit*. Le côté opposé à l'angle droit s'appelle *hypoténuse*.

Une *équerre à dessiner* représente un *triangle rectangle*.

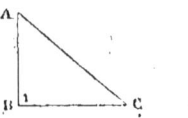 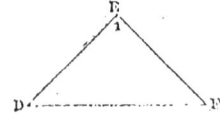 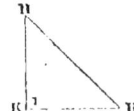

Le triangle ABC est un triangle *rectangle*, parce que l'angle 1 est un angle *droit*. Le côté AC est *l'hypoténuse*.

Le triangle DEF est aussi un triangle rectangle, parce que l'angle 1 est aussi un angle droit. Le côté DF est l'hypoténuse.

Le triangle HKR est *rectangle* et est aussi *isocèle* (1), parce que les deux lignes HK et KR sont égales.

EXERCICES SUR LES PLANCHETTES

(1) Dessiner un triangle rectangle (1).
(2) Nommer l'hypoténuse.
(3) Dessiner un triangle rectangle isocèle.
(4) Dessiner deux lignes qui se coupent.
(5) Combien peuvent-elles former d'angles?
(6) Écrire en chiffres trois cent sept unités trois centièmes.

---

(1) Il est inutile de faire remarquer tous les avantages que présentent pour les élèves ces constructions de figures faites par eux-mêmes sur les planchettes. Elles transforment en exercices intéressants des notions géométriques qui sont particulièrement arides pour de jeunes enfants. Elles constituent, en outre, une excellente école d'éléments du dessin.

(7) Écrire en chiffres cinquante mille unités un millième.
(8) $0{,}765 \times 0{,}89$
(9) $0{,}897 \times 3{,}09$
(10) De 15 retrancher $4{,}7 \times 0{,}98$.
(11) Un employé passe 9 heures par jour à son bureau. Combien y passe-t-il d'heures en 324 jours ?
(12) Quel est le plus avantageux d'avoir 14 pièces de 20 francs en or, ou 56 pièces de 5 francs en argent ?
(13) On a donné un billet de banque de 100 francs pour payer 8 douzaines de mouchoirs à 1 franc l'un. Combien doit-on rendre ?
(14) Un épicier vend 35 kilos de riz à 0 fr. 40 le kilo : que gagne-t-il s'ils lui ont coûté 9 fr. 75 ?
(15) Quel est le prix de 95^{ha},25 à 9 francs l'are ?
(16) On loue une propriété de 240 hectares au prix de 138 fr. 75 l'hectare. Quelle est la valeur du fermage ?

CALCUL MENTAL

(1) Combien faut-il de vitres pour garnir 7 fenêtres de 8 carreaux ?
(2) Dans un salon, il n'y a que 12 sièges ; il vient d'abord 6 personnes, puis 11. Combien devront rester debout ?
(3) Combien font 4, 6, 8 fois 25 mètres ?
(4) Que manque-t-il à 28 pour faire 6 fois 8 ?
(5) Que restera-t-il si l'on ôte 4 fois 6 mètres de 68 mètres ?
(6) Combien y a-t-il de pommes dans 5 tas de 13 pommes ?
(7) Si 10 mètres d'étoffe coûtent 87 francs, quel est le prix d'un mètre ?
(8) Si un décimètre de ruban coûte 0 fr. 35, quel est le prix du mètre ? du demi-décamètre ?
(9) Si 40 mètres de toile coûtent 100 francs, quel est le prix du mètre ?

(10) Si 40 sacs de blé sont vendus 1200 francs, quel est le prix du sac?

SOIXANTE-DOUZIÈME LEÇON

On appelle *circonférence* une ligne courbe fermée dont tous les points sont à égale distance d'un point intérieur appelé *centre* (voir fig. 1).

Pour tracer une circonférence, on se sert d'un instrument appelé *compas*.

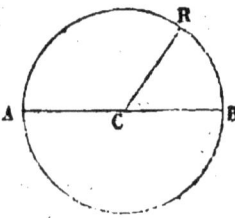 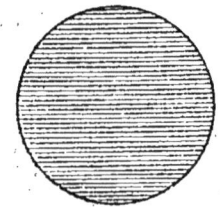

FIG. 1.   FIG. 2.

Cercle. La surface que renferme une circonférence s'appelle *cercle* (voir fig. 2).

Rayon. Toute ligne droite qui va du centre à la circonférence est un *rayon*.
EXEMPLE. — La ligne BC.

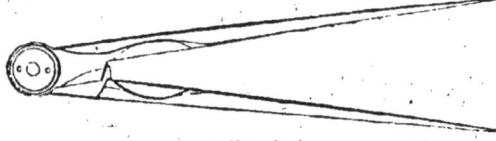

FIG. 3.

La fig. 3 représente un compas.

EXERCICES SUR LES PLANCHETTES

(1) Tracer une circonférence et la partager en 2, 4 parties égales.

(2) Comment sont les deux diamètres que l'on doit mener pour la partager en 4 parties égales ?

(3) Tracer une circonférence et deux rayons perpendiculaires.

(4) Tracer une ligne inclinée d'environ 20 centimètres et la diviser en 2, 6 parties égales.

(5) Exprimer en Hmq. 57 ares.

(6) —— Dmq. 6 centiares.

(7) $3,709 \times 5,98$

(8) $0,987 \times 4,78$

(9) De 10 000 retrancher $47,89 \times 57,9$.

(10) A 10 0000 ajouter $3,57 \times 9,87$.

(11) Une voiture coûte 724 francs ; combien doit-on la revendre pour gagner 85 francs ?

(12) Quelle somme faut-il payer pour 180 litres de vin à 0 fr. 65 le litre ?

(13) Un ouvrier a fait $12^m,50$ de soierie qu'on lui paye 1 fr. 15 de façon par mètre : combien lui doit-on ?

(14) Un charpentier gagne 7 fr. 50 par jour de travail, mais il ne travaille que 286 jours par an. Combien gagne-t-il par année ?

(15) Un ouvrier a travaillé 45 jours et a reçu 4 fr. 25 par jour de travail : il a payé 112 fr. 35 pour sa nourriture et 50 fr. 75 pour sa chambre. Que lui reste-t-il ?

(16) Que doit une personne qui a acheté $14^m,50$ de soie à 7 fr. 75 le mètre et 9 mètres de doublure à 0 fr. 85 le mètre ?

CALCUL MENTAL

(1) Sur 27 bœufs, on en vend 9 et on en tue 4. Combien en reste-t-il ?

(2) On noue bout à bout 2 cordes, l'une de $6^m,50$ et l'autre de 7 mètres. Quelle est la longueur de la corde ainsi obtenue ?

(3) Quel est le nombre 10 fois plus grand que 1 fr. 50 ?

(4) Que doit-on payer pour le repassage de 12 chemises à 0 fr. 25 l'une ?

(5) Que coûtent 20 litres de vin à 0 fr. 50 le litre ?
(6) Combien y a-t-il de vitres dans 16 fenêtres qui en ont chacune 6 ?
(7) Si un litre de rhum coûte 4 francs, combien payera-t-on pour 2 hectolitres ?
(8) Quel est le prix de 70 mètres cubes de pierre à 60 francs le mètre cube ?
(9) Que faut-il ajouter à 8 dizaines pour avoir 91 ?
(10) Combien y a-t-il de pièces de 10 francs dans 300 francs ?

SOIXANTE-TREIZIÈME LEÇON

Arc. — On appelle *arc* une partie quelconque de la circonférence.

Corde. — On appelle *corde* toute ligne droite qui joint deux points de la circonférence.

Tangente. — On appelle *tangente* une ligne droite qui touche la circonférence en un seul point.

Dans la figure ci-jointe, la partie ABC de la circonférence est un *arc*. La ligne droite AC qui réunit les deux points A et C de la circonférence est une *corde*.

La ligne droite DE qui ne touche la circonférence qu'en un seul point F est une *tangente*.

Degré. — Toute circonférence se divise en 360 parties égales appelées *degrés*, et chaque degré en 60 parties égales appelées *minutes*.

EXERCICES SUR LES PLANCHETTES

(1) Tracer une circonférence.

(2) Tracer une corde.
(3) — — tangente.
(4) Dessiner un arc égal au quart d'une circonférence.
(5) Combien une demi-circonférence contient-elle de degrés ?
(6) Combien y a-t-il de degrés du pôle à l'équateur ?
(7) Dessiner un cercle, puis un carré tel que ses côtés soient des tangentes.
(8) Combien faut-il de mq. pour faire : 1° un Dmq. ? 2° un Hmq. ? 3° un Kmq. ?
(9) Combien faut-il de centiares pour 3 Ha. ?
(10) 478,9 × 2,53
(11) 75,803 × 0,045
(12) Combien y a-t-il de minutes dans la circonférence ?
(13) Une mère de famille achète $24^m,80$ de toile à 0 fr. 95 le mètre. Que doit-elle au marchand ?
(14) Combien payera-t-on au boucher pour $0^{kg},225$ de bœuf à 2 fr. 25 le kilo ?
(15) On a retiré 57 litres de vin d'un fût qui contenait $2^{hl},24$. Que reste-t-il ?
(16) Un fumeur dépense pour 0 fr. 25 de tabac chaque jour. Que lui coûte par mois et par an cette mauvaise habitude ?
(17) Un train de chemin de fer parcourt 645 mètres par minute. Quelle distance parcourt-il en 3 heures 15 minutes ?

CALCUL MENTAL

(1) Un tiroir contient 800 francs en billets, 40 francs en or et 8 francs en argent. Combien en tout ?
(2) Je devais travailler pendant 13 heures ; j'en ai perdu 4. Pendant combien d'heures ai-je travaillé ?
(3) On pêche 23 carpes et 7 tanches. On rejette 8 des plus petits poissons à l'eau. Combien en garde-t-on ?
(4) Combien pèsent ensemble 4 lapins de $3^k,500$?

(5) Un jeune homme envoie 20 francs par mois à sa mère; quelle somme lui envoie-t-il par an ?

(6) A 3 francs le volume, combien en aurait-on pour 111 ?

(7) 1 franc en argent pèse 5 grammes : que vaut une somme pesant 100 grammes ?

(8) Si un fagot de bois coûte 0 fr. 35, combien coûtent 10 fagots ? 100 fagots ?

(9) Lorsqu'un hectolitre de froment coûte 25 francs, quel est le prix d'un litre ? d'un décalitre ?

(10) Combien font en dm. 5 kilomètres et 37 décimètres ?

SOIXANTE-QUATORZIÈME LEÇON

Cube. — On appelle *cube* un solide limité par six carrés égaux. Ces carrés s'appellent les *faces* du cube.

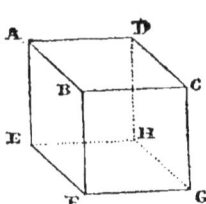

Les lignes droites qui limitent les faces d'un cube sont égales et au nombre de douze; on les appelle les *arêtes* du cube.

Un dé à jouer est un petit cube.

La figure ci-jointe représente le dessin d'un cube. La face supérieure est le carré ABCD; la face inférieure est le carré EFGH; les faces latérales sont les carrés ABEF, BCFG, DCGH et ADEH.

Les arêtes sont les 12 lignes AB, BC, CD, BF, etc...

EXERCICES SUR LES PLANCHETTES

(1) Dessiner un cube.
(2) Nommer la face supérieure.
(3)   —   inférieure.
(4) Nommer les faces latérales.

(5) Tracer une ligne droite et la diviser en 3,9 parties égales.

(6) Dessiner un carré dans un cercle.

(7) Quel est le contour d'un carré d'un Hm. de côté ?

(8) $4,5 \times 0,7 + 0,845$.

(9) $0,78 \times 0,903 - 0,43$.

(10) $7,3 \times 0,058 + 1,4$.

(11) Quelle est la longueur totale de 12 pièces de toile mesurant chacune 127 mètres ?

(12) Une règle a une longueur de $0^m,637$. Combien lui manque-t-il pour avoir 1 mètre ?

(13) Un négociant achète 60 hectolitres de vin à 53 francs, qu'il vend $62^{fr},50$ l'hectolitre. Quel est son bénéfice total ?

(14) Si un kilogramme de foin vaut $0^{fr},045$, quel est le rendement d'un pré qui en a fourni 125 800 kilogrammes ?

(15) Un cultivateur vend un tas de fumier de 32 mètres cubes à $5^{fr},40$ le mètre cube. Combien doit-il recevoir ?

(16) Un terrain a une étendue de 15 ares 7 centiares ; on en vend 105 mètres carrés. Quelle est la superficie de ce qui reste ?

CALCUL MENTAL

(1) Quelle quantité faut-il ajouter à 982 litres pour avoir 1000 litres ?

(2) Une bourse contenait 55 francs ; on y prend 10 francs, puis 8 francs. Quelle somme reste-t-il dans la bourse ?

(3) Combien font 5 fois 10 000 ?

(4) Combien y a-t-il de centimes dans 4 francs ?

(5) Une maison occupe 20 ouvriers qui reçoivent chacun 4 francs par jour ; que leur est-il dû chaque soir ?

(6) Si de 8 fois 12 on retranche 15, que reste-t-il ?

(7) A 4 fois 8, on ajoute 2 fois 7, puis 4. Combien obtient-on ?

(8) On partage 60 francs entre 4 personnes. Quelle est la part de chacune ?

(9) Combien font 30 fois 60 ? 70 fois 200 ? 40 fois 25 ?

(10) La pièce de 1 franc pèse 5 grammes. Que pèsent 8 francs ? 12 francs ? 15 francs ? 20 francs ?

SOIXANTE-QUINZIÈME LEÇON

MESURES DE VOLUME

Les unités employées pour mesurer les volumes des corps, tels que le volume d'un mur, pour connaître la quantité d'air contenue dans la classe, la contenance d'un bassin, etc... sont des *cubes*.

L'unité principale des mesures de volume est le *mètre cube* (mc.); c'est un cube dont les arêtes ont un mètre de longueur et dont les faces sont des *mètres carrés*.

Les sous-multiples sont :

Le *décimètre cube*, dmc., est un cube qui a un *décimètre* d'arête.

Le *centimètre cube*, cmc., est un cube qui a un *centimètre* d'arête.

Le *millimètre cube*, mmc., est un cube qui a un *millimètre* d'arête.

La figure ci-jointe représente un *centimètre cube* en grandeur réelle ; toutes les arêtes ont un centimètre de longueur ; les six faces sont des *centimètres carrés*.

EXERCICES SUR LES PLANCHETTES

(1) Dessiner un décimètre cube.
(2) Quelle est la surface de chacune des faces ?
(3) ———   totale ?

(4) Quelle est la surface totale d'un mètre cube ?
(5) — centimètre cube ?
(6) — millimètre cube ?
(7) Suivant quelle loi se succèdent les unités de longueur ? Que vaut chacune d'elles par rapport à la suivante ?
(8) Mêmes questions pour les unités de surface.
(9) $3,075 \times 0,89 - 2,15$.
(10) $7,5 \times 0,945 - 5,3$.
(11) On dispose d'un tas de fumier de 25 mètres cubes. On prend $13^{mc},5$ pour fumer une vigne. Combien en reste-t-il ?
(12) Un réservoir contenait 27 875 décimètres cubes d'eau ; on en a laissé s'écouler 18 947 décimètres cubes. Que contient-il encore ?
(13) Un train contient 592 voyageurs payant en moyenne chacun 26 francs. Quelle est la somme produite par ce convoi ?
(14) A combien revient un bloc de pierre cubique de $2^{mc},535$ à raison de 45 fr. 40 le mètre cube ?
(15) Les grandes roues d'une locomotive ont $9^{m},75$ de circonférence. De quelle longueur cette machine s'est-elle avancée quand les grandes roues ont fait 9876 tours ?
(16) Un ouvrier économise 18 francs par semaine en gagnant 8 francs par jour pendant 6 jours de travail. Que dépense-t-il par semaine ?

CALCUL MENTAL

(1) Un vase vide pèse $2^{k},300$; on y met 6 kilos de confiture. Que pèse-t-il ?
(2) Que doit-on pour 5 mètres de soie à 6 francs l'un ?
(3) Que doit-on pour 6 chaises achetées au prix de 9 francs l'une ?
(4) Combien y a-t-il de litres dans 7, 8, 12 décalitres ?
(5) Une famille consomme 26 litres de vin en quinze jours. Quelle est sa consommation mensuelle ?

(6) Un chapelier gagne 2 francs par chapeau. Combien doit-il en vendre pour gagner 80 francs ?

(7) Combien y a-t-il de mètres, de décimètres et de centimètres dans 6853 millimètres ?

(8) Si un train rapide fait $1^{km},2$ en une minute, quelle distance parcourt-il en 1 heure ?

(9) Cinq frères ont 600 francs à se partager. Que revient-il à chacun ?

(10) Combien font 9 fois 7 moins 3 fois 6 ?

SOIXANTE-SEIZIÈME LEÇON

Les unités de longueur sont de *dix en dix* fois plus grandes. Les unités de surface sont de *cent en cent* fois plus grandes. Les unités de volume sont de *mille en mille* fois plus grandes.

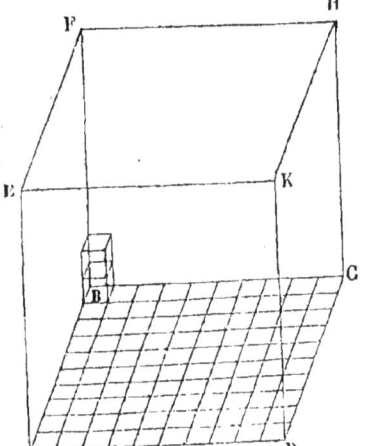

En effet prenons un cube. Divisons-le en dix couches égales dont l'épaisseur sera la dixième partie de la hauteur ou du côté de ce cube.

Sur la première couche ABCD, nous pouvons placer 100 petits cubes dont le côté sera dix fois moindre que celui du grand.

Comme le cube contient 10 couches semblables, il contiendra en tout 10 fois 100 ou 1000 petits cubes dont le côté sera dix fois moindre que celui du grand. Comme le cube contient dix couches semblables, il contiendra 10 fois 100 ou 1000 petits cubes.

ET DE GÉOMÉTRIE

De ce que les unités de volume vont de *mille en mille*, il résulte que :

le *mètre cube* vaut 1000 *décimètres cubes*
le *décimètre cube* — 1000 *centimètres cubes*
le *centimètre cube* — 1000 *millimètres cubes*

En conséquence :
Le mètre cube vaut 1000 dmc.
1000 fois 1000 ou 1000 000 cmc.
1000 fois 1000 000 ou 1000 000 000 mmc.

EXERCICES SUR LES PLANCHETTES

(1) Combien faut-il de dmc. pour faire un mc. ?
(2) — cmc. — dmc. ?
(3) — mmc. — cmc. ?
(4) — cmc. — mc. ?
(5) — mmc. — dmc. ?

(6) Un dé à jouer a un centimètre d'arête et, par suite, est un cmc. Combien pourrait-on en placer dans une boîte de forme cubique ayant un dm. de côté ?

(7) Comment vont les unités de volume ?

(8) Exprimer en centiares $7^{Dmq},4$.

(9) $0,789 \times 5,6 + 3,672$.

(10) $5,467 \times 9,8 - 37,69$.

(11) Un boulanger fournit un compte de 250 kilos de pain à $0^{fr},38$ le kilo ; combien doit-il recevoir ?

(12) On veut tapisser une chambre dont les murs ont une surface de $85^{mq},79$; mais les portes, les fenêtres et la cheminée occupent une surface de 1835 dmq. Combien faudra-t-il de papier pour tapisser cette chambre ?

(13) Un terrain se vend au prix de 3500 francs l'hectare. Combien coûteraient $20^{Ha},85$ ares de terrain ?

(14) 12 pièces de vin fin, contenant chacune 225 litres, ont été vendues à 3 francs le litre. Quel est le prix de ce vin ?

(15) Une ville se compose de 40378 habitants qui consomment en moyenne $425^{gr},6$ de pain chaque jour. Quel poids de pain faut-il par jour ?

LEÇONS D'ARITHMÉTIQUE

CALCUL MENTAL

(1) Combien y a-t-il d'œufs dans 5 douzaines ? 6 douzaines ?

(2) Que valent 10 pièces de vin à 140 francs l'une ?

(3) Que valent 3 billets de 1000 francs et 3 de 500 francs ?

(4) Une domestique est payée 35 francs par mois. Que gagne-t-elle par trimestre et par semestre ?

(5) Combien y a-t-il de centimètres dans un double-décamètre ?

(6) Quelle est la somme de six nombres égaux à 7 ?

(7) Combien faut-il de décimètres pour faire un hectomètre ?

(8) Combien y a-t-il de centimes dans 17 francs ?

(9) Combien font 7 fois 5 + 3 fois 6 ? 6 fois 8 + 9 fois 3 ?

(10) $6 \times 9 - 5 \times 8 ? 9 \times 8 - 7 \times 6 ?$

SOIXANTE DIX-SEPTIÈME LEÇON

Tableau des mesures de volume.

MESURES	SIGNES ABRÉVIATIFS	NOMBRES INDIQUANT COMBIEN IL FAUT DE CHACUN DES SOUS-MULTIPLES POUR FAIRE UN MÈTRE CUBE
Mètre cube.	mc.	Unité des mesures de volume.
Décimètre cube.	dmc.	Il en faut 1000 pour faire un mc.
Centimètre cube.	cmc.	1 000 000
Millimètre cube.	mmc.	1 000 000 000

ET DE GÉOMÉTRIE

On emploie rarement les multiples du mètre cube ; c'est pour ce motif qu'il est inutile de les faire figurer dans ce tableau.

EXERCICES SUR LES PLANCHETTES.

(1) Combien le dmc. est il de fois plus petit que le mc. ?
(2) — cmc. — dmc. ?
(3) — cmc. — mc. ?
(4) — mmc. — cmc. ?
(5) — mmc. — dmc. ?
(6) — mmc. — mc. ?
(7) Convertir 3 mc. en dmc.
(8) — 5 dmc. en cmc.
(9) — 17 mc. en cmc.
(10) Combien 5000 mc. valent-ils de dmc. ?
(11) Combien pourrait-on mettre de dmc. dans une caisse de forme cubique ayant un mètre de côté ?
(12) Combien pourrait-on mettre de cmc. dans la même caisse ?
(13) Quelle est la surface totale d'un cmc. ?
(14) Quelle est la valeur de 47 montres à 189 francs la pièce ?
(15) Un mètre cube de bois d'ébène coûtant 2000 francs, combien coûteront 479 décimètres cubes ?
(16) Une personne respire en moyenne 18 fois par minute. Combien de fois respire-t-elle en 10 heures ?
(17) Pierre a 185 francs à la caisse d'épargne ; il se propose d'y verser le produit de 46 journées à 4^{fr},50 que lui doit son patron. Quel sera le montant de son livret après ce versement ?
(18) Un vigneron a vendu 20 hectolitres de vin rouge à 34 francs l'hectolitre, et 37 hectolitres de vin blanc à 19 francs. Quel est le montant de cette vente ?

CALCUL MENTAL

(1) Combien font 30 fois 12 ? 20 fois 18 ? 40 fois 15 ?
(2) Combien valent 20 pioches à 7 francs l'une ?

(3) Quand 5 mètres de drap coûtent 45 francs, combien coûte le mètre ?

(4) J'ai acheté 18 crayons, puis 6, et j'en donne 5. Combien m'en reste-t-il ?

(5) Si 100 mètres de drap coûtent 945 francs, que coûterait un mètre ?

(6) Un tiroir contient 12 couteaux, 11 fourchettes et 13 cuillères. Combien contient-il d'objets ?

(7) Combien y a-t-il de dizaines dans 1300 ? dans 8650 ? dans 120 ?

(8) A 0^{fr},60 la douzaine de crayons, combien coûte un crayon ?

(9) Combien faut-il vendre d'objets à 8 francs pour recevoir 72 francs ?

(10) Combien font 200×9 ? 300×8 ? 700×7 ?

SOIXANTE-DIX-HUITIÈME LEÇON

Lire un nombre exprimant un volume.

Pour lire ou pour écrire un nombre exprimant un volume, on lit ou on écrit d'abord la partie entière, comme un nombre ordinaire ; puis on partage la partie décimale en tranches de trois chiffres, dont chacune est affectée aux unités, dizaines et centaines de chacun des sous-multiples de l'unité principale.

EXEMPLE I. — 7^{mc},45.

Comme le dmc. est la millième partie du mc., le chiffre des dmc. se trouve 3 rangs à droite de celui des mc. Pour indiquer combien il y a de décimètres cubes, on mettra donc un zéro sur la droite et on lira :

7 *mètres cubes*, 450 *décimètres cubes*.

EXEMPLE II. — 2^{mc},0785.

Dans ce cas, on partage la partie décimale en tranches

de trois chiffres en partant de la virgule et on complète la dernière tranche en mettant deux zéros, puis on lit :

2 *mètres cubes*, 078 *décimètres cubes*, 500 *centimètres cubes*.

EXERCICES SUR LES PLANCHETTES

(1) Convertir 6 mètres cubes en dmc.
(2) — 5^{dmc},3 — cmc.
(3) Combien y a-t-il de mc. dans 7000 dmc. ?
(4) — dmc. — 8500 cmc. ?
(5) Convertir 7^{mc}, 65 en dmc.
(6) — 0^{mc}, 8 en dmc.
(7) Exprimer en dmc. 4761 cmc.
(8) — mc 53400 dmc.
(9) Ajouter à 5 mc, 37 dmc.
(10 — 8 mc, 5719 dmc.
(11) Un ouvrier a extrait 18^{mc}, 335 de pierre pendant cet hiver et en a vendu 9874 dmc. Quelle quantité lui reste-t-il à vendre ?
(12) Un bassin contenait 5 mètres cubes d'eau ; on en a tiré 2875 décimètres cubes. Que contient-il encore ?
(13) Un propriétaire vend 429 mètres carrés de terre à 13 fr., 50 le centiare. Quelle somme lui est-il due ?
(14) Combien a vécu de jours et d'heures un enfant qui a 3 ans et 2 mois ?
(15) Un ouvrier fait 4^m, 50 de drap par jour et est payé à raison de 0 fr., 80 le mètre. Combien lui est-il dû pour une semaine de 6 jours de travail ?

CALCUL MENTAL

(1) Combien faut-il de décimètres cubes pour faire un dixième de mètre cube ?
(2) Combien y a-t-il de dixièmes de mètre cube dans 800 décimètres cubes ?
(3) Compter à rebours de 6 en 6 de 64 à 4, et de 7 en 7 de 72 à 2 ?

(4) Une personne a vécu 82 ans ; elle est morte en 1887. Quelle est l'année de sa naissance ?

(5) Que valent 7k,5 de café à 5 francs l'un ?

(6) Une petite chambre est louée 9 francs par mois ; combien rapporte-t-elle par an ?

(7) Si un demi-litre de vin coûte 0fr.,40, que coûtent 200 litres ?

(8) Combien font de mètres 8 kilomètres plus 4 hectomètres plus 7 décamètres ?

(9) Si de 58 litres on sort 3 fois 9 litres, combien reste-il ?

(10) Combien y a-t-il de centimètres dans 5 doubles-décimètres ?

(11) Si un mètre cube de sable pèse 2600 kilos, quel est le poids d'un décimètre cube ?

SOIXANTE-DIX-NEUVIÈME LEÇON

MESURES POUR LE BOIS DE CHAUFFAGE

L'unité de mesure pour le bois de chauffage est le *mètre cube*, qui, dans ce cas, prend le nom de *stère (s)*.

La figure ci-jointe représente *le stère*.

Le stère a un multiple, le *décastère* (Ds), qui vaut 10 stères, et un sous-multiple, le *décistère* (ds), qui est la dixième partie du stère.

EXERCICES SUR LES PLANCHETTES

(1) Combien 1 Ds. vaut-il de stères ?

(2) — 3 Ds. valent-ils de mc. ?

(3) Combien 3 s. valent-ils de ds. ?
(4) — 12 s. — ds. ?
(5) — 1 s. vaut-il de dmc. ?
(6) — 7 Ds. valent-ils de ds. ?
(7) — le double stère vaut-il de ds. ?
(8) — le demi-décastère vaut-il de ds. ?
(9) — 2 s. 3 ds. valent-ils de ds. ?
(10) — 1 Ds. vaut-il de dmc. ?
(11) Un ménage a brûlé pendant le mois de novembre 3 stères de bois, 4 stères 5 décistères en décembre, 5 stères 4 décistères en janvier, 2 stères 9 décistères en février. Combien de stères en tout ?
(12) Un marchand achète 85 décistères de bois et en revend 2456 décimètres cubes. Combien lui en reste-t-il ?
(13) Une ferme fournit en moyenne 55 litres de lait par jour. Quelle est la quantité annuelle que peut fournir cette ferme ?
(14) Un bœuf consomme 9 kilos de foin par jour. Combien 12 bœufs en consomment-ils en une année ?
(15) Un voyageur parcourt 846 km. en chemin de fer. Quelle somme doit-il payer, si la compagnie exige 0,07 par kilomètre ?

CALCUL MENTAL

(1) Combien y a-t-il de stères dans 725 décimètres cubes ? dans 7250 ?
(2) Combien y a-t-il de décimètres cubes dans 17 stères ? dans 4 décistères ?
(3) Rendre 6 fois plus grand le nombre 7.
(4) Quel est le triple de 8 ? de 9 ? de 11 ? de 13 ?
(5) Quel est le prix d'un décimètre cube quand le mètre cube coûte 1000 francs ?
(6) Quel est le prix d'un décistère quand le mètre cube coûte 1000 francs ?
(7) Combien y a-t-il de décimètres cubes dans un décistère ?

(8) Que doit-on au vitrier pour 3 vitres à 0^{fr},60 l'une ?

(9) Je gagne 21 francs en vendant une marchandise 77 francs. Combien l'avais-je payée ?

(10) Combien 2 décastères valent-ils de décistères ?

(11) Quel est le prix d'un stère de bois, si un décistère vaut 2^{fr},40 ?

(12) Combien faut-il de décimètres pour faire 5 décamètres ?

(13) Combien y a-t-il d'ares, de centiares dans 5 hectares ?

(14) Si 9 bouteilles de vin de Bordeaux valent 36 francs, que vaut une bouteille ? que valent 20 bouteilles ?

QUATRE-VINGTIÈME LEÇON

MESURES DE CAPACITÉ

On donne le nom de *capacité* ou de *contenance* au volume intérieur d'un vase.

L'unité principale des mesures de capacité est le *litre*.

La capacité *d'un litre* équivaut à un *décimètre cube*; il n'y a que le nom qui diffère.

On donne le nom de *litre* à la capacité elle-même et aussi au vase qui sert à mesurer une capacité d'un litre.

La figure ci-jointe représente le litre en étain dont on se sert pour mesurer le vin.

Les multiples du litre sont :
le *décalitre* (Dl.) qui vaut   10 litres,
l'*hectolitre* (Hl.)   —   100 litres,
le *kilolitre* (Kl.)   —   1000 litres ou 100 Dl. ou 10 Hl.

Les sous-multiples du litre sont :
le *décilitre* (dl.) qui vaut un dixième du litre
le *centilitre* (cl.) qui vaut un centième   —
le *millilitre* (ml.)   —   millième   —

ET DE GÉOMÉTRIE

EXERCICES SUR LES PLANCHETTES

(1) Combien le Dl. vaut-il de litres ?
(2) — Hl. — Dl. ?
(3) — — — litres ?
(4) Combien le litre vaut-il de dl. ?
(5) — — — cl. ?
(6) Combien y a-t-il de cl. dans un dl. ?
(7) — dl. — l. ?
(8) Combien faut-il de cl. pour faire un l. ?
(9) — ml. — l. ?
(10) — dl. — Dl. ?

(11) Un ménage boit 3 litres de vin par jour ; combien en consomme-t-il dans un an ?

(12) On a versé 68 litres de vin dans un fût qui en contenait déjà 2 hectolitres 45 litres. Combien ce fût renferme-t-il maintenant de litres de vin ?

(13) Un réservoir contient 579 décimètres cubes d'eau ; on en tire 49 décalitres. Combien en contient-il encore de litres ?

(14) Un propriétaire achète un terrain 6539 francs ; il dépense 1438 francs pour y faire planter une vigne ; puis il le revend 8745 francs. Combien gagne-t-il ?

(15) Un maquignon a acheté 20 bœufs et 30 moutons. En les revendant, il gagne 48 francs sur chaque bœuf et perd $2^{fr},25$ sur chaque mouton. Quel est son bénéfice ?

(16) Combien un bassin d'un volume de $3^{mc},5$ contiendrait-il de litres ?

CALCUL MENTAL

(1) Que vaut 1 kilo de laine si 100 kilos valent 365 francs ?
(2) Que contiennent 100 barriques de chacune 248 litres ?
(3) Quel est le triple de 32 ?
(4) Quel est le quadruple de 4 ? de 5 ? de 7 ? de 9 ?
(5) Que coûtent 8 kilos de chocolat à 4 francs le kilo ?
(6) Combien font 2 fois 27 ? 2 fois 32 ? 2 fois 36 ?
(7) Un ouvrier a reçu 24 francs pour 6 journées de travail. Combien gagnait-il par jour ?

(8) Combien 3 décalitres valent-ils de décimètres cubes ?

(9) Combien y a-t-il de litres dans 9, 24, 28, 300 hectolitres ?

(10) Le petit Charles gagne 1^{fr},50 par jour ; que gagne-t-il en 30 jours ?

(11) A 0^{fr},10 le cahier, combien peut-on s'en procurer pour 0^{fr},80 ?

(12) Combien y a-t-il de centilitres dans 4 décilitres ? dans 5 décalitres ?

(13) Que valent 100 hectolitres de vin à 48^{fr},50 l'hectolitre ?

(14) Un ouvrier gagne 9 francs par jour et dépense 40 francs par semaine. Combien lui reste-t-il à la fin de la semaine, s'il travaille 6 jours ?

(15) Que reste-t-il de 3 fois 25 litres, si on en retranche 20 litres ?

QUATRE-VINGT-UNIÈME LEÇON

TABLEAU DES MESURES DE CAPACITÉ

MESURES	SIGNES ABRÉVIATIFS	VALEURS COMPARÉES AU LITRE
Kilolitre (1)	Kl.	1000 contenance d'un mc.
Hectolitre	Hl.	100
Décalitre	Dl.	10
Litre	l.	1 contenance d'un dmc.
décilitre	dl.	0,1
centilitre	cl.	0,01
millilitre	ml.	0,001 contenance d'un cmc.

(1) Le kilolitre est peu employé ; on dit préférablement 10 hectolitres.

ET DE GÉOMÉTRIE

EXERCICES SUR LES PLANCHETTES

(1) Combien le Dl. vaut-il de litres ?
(2) Combien le l.   vaut-il de dl. ?
(3)   —   Hl.   —   Dl. ?
(4)   —   Hl.   —   l. ?
(5)   —   Dl.   —   dl. ?
(6)   —   l.   —   cl. ?
(7) Combien faut-il de ml. pour faire un l. ?
(8)   —   Hl. pour remplir un bassin d'un volume d'un mc. ?
(9) Convertir en dl. 4 dmc.
(10)   —   Hl. 3 mc.
(11)   —   l. 5 mc.
(12) Combien y a-t-il de minutes dans un mois de 30 jours ?
(13) Combien y a-t-il de minutes dans une année de 365 jours ?
(14) Une fontaine fournit 25 litres d'eau par minute. Exprimer en hectolitres ce qu'elle fournit en 24 heures.
(15) La circonférence se divisant en 360 degrés, chaque degré en 60 minutes, chaque minute en 60 secondes, combien y a-t-il de secondes dans une circonférence ?
(16) Le rayon de la terre est de 6366 kilomètres et la distance de la lune à la terre est égale à 60 fois le rayon terrestre : quelle est la distance en hectomètres de la lune à la terre ?

CALCUL MENTAL

(1) Une lieue vaut 4 kilomètres : combien de lieues dans 20 km. ?
(2) Un réservoir contient 20 hectolitres : quel est son volume en mètres cubes ?
(3) Une roue fait 20 tours par seconde : combien fera-t-elle de tours en 1 minute ?
(4) Une batterie d'artillerie tire 80 coups de canon à l'heure : combien en tire-t-elle en 5 heures ?

(5) Que manque-t-il à 85 litres pour faire un Hl.?
(6) Combien y a-t-il de Dl. dans 75 Hl.?
(7) J'ai acheté pour 5ʳ,75 de marchandise; je donne en paiement une pièce de 10 francs; que doit-on me rendre?
(8) Combien font 7 fois 6 moins 5 fois 3?
(9)   —   9 fois 8 plus 2 fois 4?
(10) Combien un mètre cube vaut-il de décalitres?

QUATRE-VINGT-DEUXIÈME LEÇON

Écriture et lecture des nombres qui représentent des capacités.

Dans les mesures de capacité, les multiples et les sous-multiples de l'unité principale, le litre, vont de dix en dix, de la même manière que pour les mesures de longueur, et ainsi que l'indique le tableau étudié à la précédente leçon.

Si le litre est pris pour unité :
les *décalitres* sont des dizaines
les *hectolitres*   —   centaines,
les *décilitres*   —   dixièmes,
les *centilitres*   —   centièmes,
les *millilitres*   —   millièmes.

Soit à exprimer, en prenant le litre pour unité, le nombre 2 Hl. 3 Dl. 5 l. 6 cl.

Pour cela, on écrit un nombre décimal contenant 2 *centaines*, 3 *dizaines*, 5 *unités*, 0 *dixième* (puisqu'il n'y a pas de décilitre), 6 *centièmes*, c'est-à-dire le nombre 253ˡ,06.

De même 3ˡ,7 se lit : 3 *litres* 7 *décilitres*.
   —   19ˡ,45 — 19 *litres* 45 *centilitres*.

EXERCICES SUR LES PLANCHETTES

(1) Exprimer en litres 5 Dl.

(2) Exprimer en litres 3 Hl.
(3) — — $2^{Dl},5$.
(4) — — $7^{Hl},8$.
(5) — — $85^{Hl},72$.
(6) — — 32 dl.
(7) — — 45 cl.
(8) — — 312 dl.
(9) Exprimer en Hl. 700 l.
(10) — 3510 l.
(11) — Dl. 100 l.
(12) Un décimètre cube d'eau, ou un litre d'eau pèse 1 kilogramme : quel est le poids de 75 litres ? d'un double-litre ? d'un demi-décalitre ?
(13) Une maison a 10 croisées de chacune 8 carreaux. Combien doit-on au vitrier qui a posé ces carreaux, à raison de 0 fr.,75 la pièce ?
(14) Une personne a acheté 3 paires de bas à 1 fr.,85 la paire et 4 paires à 1 fr.,45. Elle donne une pièce de 20 francs. Combien doit-on lui rendre ?
(15) Quel est le prix de $57^{Ha},09$ de terrain à 1500 francs l'hectare ?
(16) Une roue fait 16 tours par seconde ; combien fera-t-elle de tours en 2 heures 15 minutes ?

CALCUL MENTAL

(1) Combien faut-il retrancher de 7 fois 12 pour avoir 80 ?
(2) Combien 15 contient-il de fois 3 ?
(3) On a 28 oranges à partager entre 4 enfants. Combien doit-on en donner à chacun ?
(4) On verse 150 litres d'eau dans un réservoir qui en peut contenir 2 hectolitres. Combien faudrait-il de litres pour le remplir ?
(5) Combien faut-il de dl. pour faire 2 Dl. ?
(6) Combien y a-t-il de poires dans un panier qui en contient 6 douzaines ?

(7) Un fût contient 210 litres de vin; on en tire 50 litres : combien en reste-t-il ?

(8) Entre combien de personnes faut-il partager 36 francs pour que chacune ait 4 francs ?

(9) Si de 5 douzaines d'œufs on retranche 24 œufs, combien en reste-t-il ?

(10) Combien font 9 fois 11 moins 8 fois 12 ?

QUATRE-VINGT-TROISIÈME LEÇON

MESURES DE CONTENANCE

Les mesures de contenance dont on se sert pour le commerce au détail des vins et des spiritueux sont en étain. Leur profondeur est double de leur diamètre (voy. fig. 1).

Les mesures pour le lait sont en fer-blanc et munies d'une poignée allongée sous forme de crochet.

Leur profondeur est égale à leur diamètre (voy. fig. 2).

Les mesures de contenance pour les matières sèches sont en bois. Leur profondeur est égale à leur diamètre (voy. fig. 3).

Fig. 1.
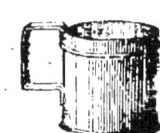
Fig. 2.

Fig. 3.

EXERCICES SUR LES PLANCHETTES

(1) Exprimer en litres $4^{\text{lit}},7$.

(2) Exprimer en litres dl. 5^{Dl},8.
(3) — — Dl. 75 l.
(4) — — ll. 859 dl.
(5) — — cl. 43 ml.
(6) — — dmc. 4 Dl.
(7) — — dmc. 5^{ll},8.
(8) — — cmc. 45 dl.
(9) — — cmc. 89 cl.
(10) — — mc. 47 lll.

(11) Un cultivateur vend 40 hectolitres de blé à 19 francs l'hectolitre et 12 hectolitres de pommes de terre à 8 francs l'hectolitre. Quel est le montant de la vente ?

(12) Quelle est la somme due pour 695 hectolitres de coke vendus au prix de 2^f,35 l'hectolitre ?

(13) Après avoir tiré 2 hectolitres et 3 doubles-décalitres d'un fût rempli de vin, on trouve qu'il en contient encore 4 décalitres. On demande sa capacité.

(14) Un ouvrier gagne 4^f,50 par jour : il travaille 24 jours par mois. Quelle économie fait-il dans un trimestre, s'il dépense 95 francs par mois ?

(15) Un négociant achète 4 cuves contenant chacune 3600 décimètres cubes de vin au prix de 42^f,75 l'hectolitre. Combien doit-il ?

CALCUL MENTAL

(1) Un vitrier pose 7 carreaux pour chacun desquels il demande 3 francs. Quelle somme doit-il recevoir ?

(2) Si 7 mètres d'étoffe coûtent 28 francs, quel est le prix d'un mètre ?

(3) Un ouvrier a reçu 32 francs pour 8 journées de travail. Combien gagnait-il par jour ?

(4) Combien peut-on mettre d'eau dans 5 seaux de 14 litres ?

(5) Combien faut-il de mousseline pour faire 8 rideaux de 3 mètres ?

(6) Combien y a-t-il d'hectolitres dans 547624 litres ?

(7) Émile avait 27 plumes ; il en donne 4 à chacun de ses trois camarades ; combien lui en reste-t-il ?

(8) Combien y a-t-il de mètres cubes dans 50 hectolitres ?

(9) A 4 fois 9 on ajoute 3 fois 5, puis on retranche 8. Combien reste-t-il ?

(10) Combien y a-t-il de centimètres cubes dans 7, 9, 12, 15 dmc. ?

QUATRE-VINGT-QUATRIÈME LEÇON

QUADRILATÈRES

Quadrilatère. — On appelle *quadrilatère* une figure plane terminée par 4 lignes droites.

La figure ci-jointe, ABCD, représente un quadrilatère (*quadrilatère veut dire quatre côtés*).

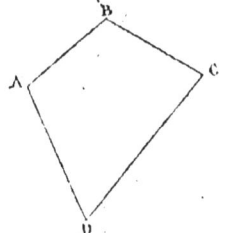
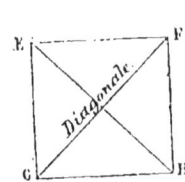

Les principaux quadrilatères sont : le *carré*, le *rectangle*, le *parallélogramme*, le *losange* et le *trapèze*.

La figure EFGH est un *carré*.

Carré. — Le *carré* est un *quadrilatère*, puisque c'est une figure de 4 côtés. Mais dans le carré les côtés sont *égaux* et les angles sont *droits*.

Une ligne telle que FG s'appelle *diagonale*.

ET DE GÉOMÉTRIE

Dans le carré, les diagonales EH et FG sont *égales* et se *coupent à angles droits*, ou, ce qui revient au même, sont *perpendiculaires* l'une à l'autre.

EXERCICES SUR LES PLANCHETTES

(1) Dessiner un quadrilatère.
(2) Tracer ses diagonales.
(3) Dessiner un carré dont le côté soit de 2 décimètres.
(4) Combien vaut-il de carrés ayant 1 dm.?
(5) Tracer ses diagonales. (1)
(6) Ajouter 47 Hl., $8^m,5$, 37 Dl., 200 l.
(7)   —   645 l., 748 Dl., 9 Hl., 37 dl.
(8) De $49^m,54$ retrancher 315 Dl.
(9) De 50 Dl.   —   229 l.
(10) De 714 l.   —   817 dl.
(11) Un industriel occupe 49 ouvriers, dont 35 hommes et 14 femmes. Les hommes gagnent 5 francs par jour et les femmes $2^{fr},75$. Quelle somme faut-il pour la paye d'une journée?
(12) Un baril d'eau-de-vie est vidé en remplissant une bonbonne d'un double-décalitre et une bouteille de 8 litres. Quelle est la capacité de ce baril?
(13) Un joueur possédait 2645 francs; il a d'abord perdu 935 francs, puis il a gagné 758 francs. Combien a-t-il après le jeu?
(14) Une famille est employée au mois : le père gagne 105 francs, la mère 75 francs et le fils 48 francs. Que gagnent-ils ensemble par an?
(15) J'ai économisé 2000 francs en 5 ans. J'achète une vigne de 30 ares à $1^{fr},15$ le centiare. Combien me manque-t-il?

---

(1) Ces petits exercices de géométrie, outre qu'ils apprennent aux élèves à dessiner, ainsi que nous l'avons fait remarquer plus haut, ont l'avantage de faire faire une revision plus attrayante, et, par suite plus instructive, de matières arides déjà étudiées.

CALCUL MENTAL

(1) Quel est le prix de 100 timbres-poste de 0^f,15?

(2) Quelle est la valeur de 50 pièces de 20 francs?

(3) Combien faut-il ajouter de litres à deux hectolitres pour remplir une barrique de 225 litres?

(4) Combien y a-t-il de décalitres dans 50 litres?

(5) J'achète 4 volumes à 3 francs, autant à 5 francs et autant à 2 francs; on me fait sur le tout un rabais de 3 francs. Combien dois-je?

(6) Combien y a-t-il de décalitres dans 264? 903? 5272 litres?

(7) Une personne porte 7 douzaines d'œufs au marché; mais elle n'en vend que 4 douzaines et demie. Combien en rapporte-t-elle?

(8) J'achète 10 lapins à 1^f,85 pièce et pour payer je donne 20 francs. Que doit-on me rendre?

(9) Si une lampe brûle 80 grammes d'huile en une soirée, combien en brûlera-t-elle en un mois de 30 jours?

(10) Combien faut-il de doubles-litres pour faire un hectolitre?

QUATRE-VINGT-CINQUIÈME LEÇON

QUADRILATÈRES (suite).

Rectangle. — On appelle *rectangle* un *quadrilatère* qui a les côtés opposés *égaux et parallèles* et les angles *droits*.

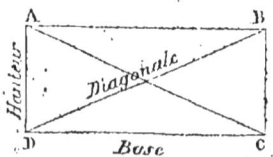

EXEMPLE. — La surface d'une ardoise, le tableau noir, le dessus d'un cahier, d'un livre, sont des rectangles.

La figure ci-jointe, ABCD, représente un rectangle.

Les côtés AB et CD sont égaux et parallèles, ainsi que les côtés AD et BC et les quatre angles sont droits.

Les diagonales AC et BD sont égales, comme dans le carré, mais elles ne se coupent pas à angles droits.

La ligne CD s'appelle *base*.

La ligne AD s'appelle *hauteur* (1).

EXERCICES SUR LES PLANCHETTES

(1) Dessiner une ligne horizontale d'environ 20 centimètres.

(2) Construire sur cette ligne un rectangle d'une hauteur de 10 centimètres.

(3) Tracer les diagonales de ce rectangle.

(4) Dessiner un rectangle dont la hauteur soit le tiers de la base.

(5) Dessiner un rectangle dont la hauteur soit égale à la base.

(6) Quel nom donnera-t-on à ce rectangle ?

(7) Ajouter ensemble 4^{mc},57, 0^{mc},719 et 489 dmc.

(8) — 372 dmc., 17^{mc},5 et 4518 cmc.

(9) De 7 mc. retrancher 893 dmc.

(10) De 9^{dmc},43 retrancher 1400 cmc.

(11) Un marchand qui a vendu 348 doubles-décalitres de blé en a livré 57 hectolitres. Combien en doit-il encore ?

(12) Une jeune fille dépense 3^{fr},80 chez le boucher, 1^{fr},75 chez le boulanger et 0^{fr},65 chez l'épicier. Combien doit-elle rendre à sa mère qui lui avait remis une pièce de 10 francs ?

(13) Trois vaches et cinq chèvres ont coûté ensemble 629^{fr},75. Sachant que les vaches valent 567 francs, que coûtent les 5 chèvres ?

(14) Une fonderie emploie 575 ouvriers qui sont payés

---

(1) On pourra utilement se servir du mètre pliant pour obtenir un carré, un rectangle d'une hauteur égale à la moitié ou au tiers de la base. De même, dans les deux leçons suivantes, on se servira encore du mètre pliant pour le parallélogramme et le losange.

en moyenne chacun 4ᶠʳ,25 par jour. Quelle somme faut-il pour payer 17 journées à tous ces ouvriers ?

(15) Un berger estime comme il suit la valeur de son troupeau : 75 brebis à 23 francs, 86 moutons à 29 francs et 17 agneaux à 14 francs. Combien a-t-il de bêtes et que valent-elles en tout ?

CALCUL MENTAL

(1) À quel nombre faut-il ajouter 11 pour avoir 24 ? 45 ? 50 ? 27 ? 72 ?

(2) Un pot plein de miel pèse 6ᵏ,700 et vide il pèse 1ᵏ,200. Quel est le poids du miel ?

(3) Un rideau a 1ᵐ,95 de longueur ; exprimer cette longueur en centimètres, en décimètres.

(4) Il me manque 8 francs pour payer un meuble de 89 francs. Quelle est la somme que je possède ?

(5) J'avais prêté 125 francs à une personne ; elle m'a rendu 45 francs. Combien me redoit-elle ?

(6) Que manque-t-il à 12 pour faire 21 ? à 16 pour faire 30 ? à 22 pour faire 40 ?

(7) On prend la moitié de 48, puis la moitié de cette moitié. Combien obtient-on ?

(8) On partage 40 pommes entre cinq enfants. Combien en a chacun ?

(9) Combien faut-il de demi-décalitres pour faire un hectolitre ?

(10) Combien 2 doubles-décalitres font-ils de litres ?

QUATRE-VINGT-SIXIÈME LEÇON

QUADRILATÈRES (suite).

Parallélogramme. — On appelle *parallélogramme* un quadrilatère dont les côtés opposés sont *parallèles*.

La figure ci-jointe ABCD représente un *parallélogramme*; les côtés BC et AD sont parallèles, de même que les côtés AB et CD.

La ligne AD est la *base* du parallélogramme.

La ligne BE, menée du point B perpendiculairement sur la base AD, s'appelle *hauteur*.

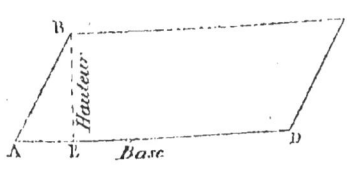

Fig. 1.

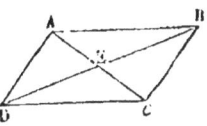

Fig. 2.

La figure 2 représente un parallélogramme dans lequel on a tracé les deux diagonales AC et BD.

Les diagonales du parallélogramme se coupent en leur milieu. Mais elles ne sont pas égales entre elles comme dans le rectangle.

EXERCICES SUR LES PLANCHETTES

(1) Tracer deux lignes parallèles.
(2) Les couper par deux autres lignes parallèles.
(3) Quel nom donne-t-on à la figure formée ?
(4) Si les deux dernières lignes tracées étaient perpendiculaires aux deux premières, quel nom donnerait-on à la figure ?
(5) Dire si le carré est un parallélogramme.
(6) Dessiner un parallélogramme.
(7) Tracer sa hauteur.
(8) Tracer ses diagonales.
(9) Combien y a-t-il de dmc. dans un dixième de mc. ?
(10) — — centième —
(11) Un réservoir a un volume de $3^{mc},5$; combien peut-il contenir de litres d'eau ?
(12) S'il n'y avait pas d'années bissextiles, combien y aurait-il de jours dans 69 ans ?

LANG. — C. élém. Élève.

(13) Que manque-t-il à 50 francs pour pouvoir payer 80 mètres de doublure à 0ᶠ,85 le mètre ?

(14) Une fermière va au marché où elle vend 15 kilos de beurre à 2ᶠ,15 le kilo. Elle achète 10 mètres de toile à 1ᶠ,25 le mètre et un panier 3 francs. Combien lui reste-t-il de la vente de son beurre ?

(15) Un chef de bureau qui gagne 3575 francs par an, dépense 525 francs pour son logement, 1575 francs pour sa nourriture, 540 francs pour son entretien et 250 francs de frais divers. Quelles peuvent être ses économies annuelles ?

(16) Un vigneron a récolté 187 Hl. de vin. Il en a bu 355 litres, donné 58 dmc. et vendu 390 doubles-décalitres. Quelle quantité lui en reste-t-il ?

CALCUL MENTAL

(1) Combien font 3 fois 7 ? 3 fois 9 ? 3 fois 11 ? 3 fois 13 ? 3 fois 15 ? 3 fois 17 ? 3 fois 19 ?

(2) On distribue 45 fruits à 9 enfants. Combien chacun en reçoit-il ?

(3) Si l'on a 4 plumes pour un sou, combien en aura-t-on pour 7 sous ?

(4) Combien y a-t-il de douzaines de mouchoirs dans 60 mouchoirs ?

(5) Pauline, qui devait 35 francs à la mercière, vient de lui donner 5 pièces de 5 francs. Que lui doit-elle encore ?

(6) Un jeune homme met 30 francs de côté par trimestre ; combien met-il de côté par an ?

(7) Combien y a-t-il de couples de pigeons dans 36 pigeons ?

(8) Combien coûtent 34 stères de bois à 20 francs le stère ?

(9) Un wagon de 3ᵉ classe contient 40 places ; combien pourrait-on mettre de voyageurs dans 9 wagons ?

(10) La somme de deux nombres est 60; l'un d'eux est 23; quel est l'autre?

(11) Combien 3 doubles-décalitres font-ils de litres?

(12) On verse un hectolitre et demi de vin dans un fût qui peut contenir 250 litres. Combien faudrait-il encore de litres pour le remplir?

QUATRE-VINGT-SEPTIÈME LEÇON

QUADRILATÈRES (suite).

Losange. — On appelle *losange* un *parallélogramme* dont les quatre côtés sont égaux (1).

La figure ci-jointe EFHK est un *losange;* les côtés EK et FH sont parallèles, ainsi que les côtés EF et HK. Mais les côtés ne sont pas simplement égaux *deux à deux,* comme dans les autres parallélogrammes; les quatre côtés sont égaux entre eux.

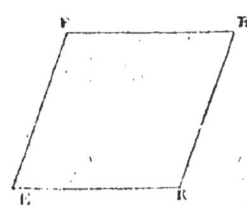 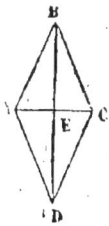

La figure ABCD est aussi un losange tourné sur l'angle.

Dans le losange, les diagonales AC et BD se coupent en leur milieu, comme dans le parallélogramme ordinaire; mais, de plus, elles se coupent à angles droits,

(1) Dans le parallélogramme ordinaire, les côtés ne sont égaux que deux à deux.

c'est-à-dire qu'elles sont perpendiculaires l'une à l'autre.

EXERCICES SUR LES PLANCHETTES

(1) Dessiner un parallélogramme.
(2) Dessiner un losange sur une base horizontale.
(3)   —   tourné sur l'angle.
(4) Tracer les diagonales.
(5) Dessiner un losange ayant les angles droits.
(6) Quel nom lui donne-t-on? (1)
(7) Combien y a-t-il d'angles dans un losange?
(8) Combien y en a-t-il d'aigus?
(9) Tracer une circonférence.
(10)   — un rayon.
(11)   — un diamètre.
(12) Combien y a-t-il d'angles dans un triangle?
(13)   —   quadrilatère?
(14) Quelle est la dépense faite par une société qui paye sa consommation en donnant 7 pièces de 10 francs, 4 pièces de 2 francs et 9 pièces de $0^{fr},50$?

(15) Un ouvrier a fait 65 journées à $4^{fr},75$ l'une. Il a reçu un acompte de 50 francs. Combien lui redoit-on?

(16) Une caisse de marchandises pèse $60^k,825$; la caisse seule pèse $6^k,175$. Quel est le poids de la marchandise?

(17) Un ouvrier a extrait $7^{mc},967$ de terre qu'on a remplacée par une égale quantité d'eau. Quelle est, en hectolitres, la capacité occupée par cette eau?

(18) On achète 68 kilos de sucre à 1 fr. 25 le kilo : on paye avec un billet de 100 francs. Quelle somme doit-on rendre?

---

(1) Rien n'est si commode que le mètre pliant, ainsi que nous l'avons dit plus haut, pour expliquer toutes ces constructions et les propriétés des différents quadrilatères.

CALCUL MENTAL

(1) Combien y a-t-il de décalitres dans 4 hectolitres ?
(2) Combien y a-t-il de 47 à 58 ? de 31 à 60 ? de 82 à 95 ? — de 72 à 88 ?
(3) Quel est, exprimé en dmc., le volume équivalent à l'hectolitre ?
(4) Combien y a-t-il de décalitres dans 498 dmc. ?
(5) Évaluer en mètres une longueur de 6400 millimètres.
(6) J'ai payé une dette en donnant 30 pièces de 5 francs ; quelle était cette dette ?
(7) Je dois 50 francs à Louis, mais je ne puis lui donner que 32 francs ; combien lui devrai-je encore ?
(8) J'ai 25 francs dans ma bourse, j'y ajoute 3 fois 8 francs ; combien ai-je ?
(9) Combien y a-t-il d'hectomètres, de décamètres et de mètres dans 45 kilomètres ?
(10) Pierre reçoit 5 francs pour faire des commissions ; il dépense 3 fr. 75. Que lui reste-t-il ?

QUATRE-VINGT-HUITIÈME LEÇON

QUADRILATÈRES (suite)

Trapèze. — On appelle *trapèze* un quadrilatère dont deux côtés seulement sont parallèles.

La figure ci-jointe ABCD représente un *trapèze* : les deux côtés BC et AD sont parallèles, les deux autres ne le sont pas.

Polygone. — On appelle *polygone* toute surface limitée par des lignes droites.

Le triangle est un *polygone de trois côtés* : le quadrilatère est un *polygone de 4 côtés*.

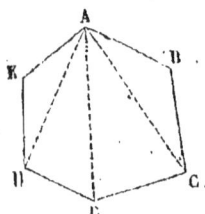

La figure ci-jointe, ABCDHK, représente un polygone de 6 côtés.

Les points A, B, C, D, H, K sont dits les *sommets* du polygone. Les lignes AC, AD, AH sont des diagonales; on pourrait en mener de même d'un sommet quelconque.

EXERCICES SUR LES PLANCHETTES

(1) Tracer deux lignes horizontales parallèles.
(2) Les couper par deux lignes non parallèles.
(3) Comment appelle-t-on la figure obtenue?
(4) Tracer les diagonales.
(5) Tracer un polygone de cinq côtés.
(6) Mener les diagonales partant d'un même sommet.
(7) Tracer un polygone de six côtés.
(8)   —   une circonférence.
(9) Mener une corde.
(10)   —   tangente.
(11) Si le demi-mètre de drap coûte 6 francs, quel est le prix de $32^m,50$?
(12) Une pièce d'étoffe contenait 147 mètres : on en a vendu 15 mètres, puis 32 mètres. Combien reste-t-il de mètres?
(13) Une vigne a produit cette année une quantité de vin suffisante pour remplir 80 tonneaux de 216 litres chacun. Évaluer le prix de ce vin, vendu à raison de 57 francs l'hectolitre.
(14) Louise achète 6 cravates à 1 fr. 75 et 12 mouchoirs à 0 fr. 75 la pièce. Elle donne 20 francs; que doit-on lui rendre?
(15) Une personne charitable prend un billet de 1000 francs pour acheter des vêtements aux pauvres; elle achète 76 chemises à 4 fr. 25 l'une et 39 paires de

souliers à 10 fr. 50 chacune. Que lui reste-t-il de son billet ?

CALCUL MENTAL

(1) J'achète 10 litres de rhum à 4 francs ; on me fait un rabais de 2 fr. 50. Combien dois-je payer ?

(2) Que coûtent 8 mètres de velours à 7 francs le mètre ?

(3) On achète 5 portefeuilles à 3 francs et 1 porte-monnaie à 4 francs. Combien doit-on ?

(4) Quelle somme faut-il pour payer un vêtement de 68 francs et une paire de bottines de 12 francs ?

(5) Un ouvrier reçoit 45 francs pour 15 journées de travail. Quel est son gain journalier ?

(6) Combien aurait-on de livres pour 28 francs, si chaque livre coûte 4 francs ?

(7) Que reste-t-il de 80 francs si on a dépensé 4 fois 11 francs ?

(8) On retranche 20 de 6 fois 9. Combien reste-t-il ?

(9) A 4 fr. 50 la couple de poulets, que valent 10 poulets ?

(10) Si une règle coûte 0 fr. 05, combien en aura-t-on pour 0 fr. 75 ?

(11) Louis donne 2 pièces de 2 francs pour 3 kilos de sucre à 0 fr. 55 le demi-kilo. Que lui revient-il ?

(12) Combien faut-il que Lucie ait de bonbons pour qu'elle puisse en donner 17 à chacune de ses deux sœurs ?

QUATRE-VINGT-NEUVIÈME LEÇON

L'unité principale des mesures de poids est le *gramme*.

Le *gramme* est ce que pèse un *centimètre cube* ou un *millilitre* d'eau pure.

La figure ci-jointe représente un *centimètre cube* creux. C'est le poids de l'eau pure contenue dans ce petit cube qui a servi à former le *gramme*.

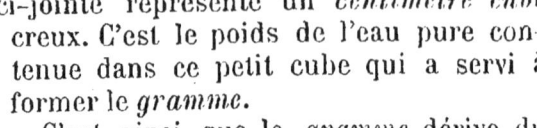

C'est ainsi que le *gramme* dérive du *mètre* et se rattache, par conséquent, au système des mesures dit système *métrique*.

EXERCICES SUR LES PLANCHETTES

(1) Dessiner un décimètre cube.

(2) Quel serait le poids de l'eau contenue dans ce dmc.?

(3) Quel est, en grammes, le poids d'un litre d'eau?
(4) — — — dl. d'eau?
(5) — — — cl. — ?
(6) — — — ml. — ?

(7) Quel est, en grammes, le poids de l'eau contenue dans un bassin de forme cubique ayant un mètre de côté?

(8) $4{,}75 \times 0{,}089 - 0{,}57$.

(9) $0{,}897 \times 0{,}56 - 0{,}049$.

(10) $57{,}869 \times 0{,}76 + 32{,}4$.

(11) Le kilo de chocolat coûtant 3 fr. 75, que payerait-on pour une caisse de 128 kilos?

(12) Un objet en or, estimé 3 fr. 80 le gramme, pèse 55 grammes. On demande sa valeur.

(13) Lorsque 1 franc de rente est rapporté par 20 francs de capital, dire la fortune d'une personne qui jouit d'une rente de 780 francs.

(14) Une fabrique de velours emploie 84 ouvriers; chaque ouvrier fait en moyenne $2^m{,}25$ par jour. Combien cette fabrique peut-elle livrer de mètres de velours par semaine de 6 jours de travail?

(15) Un liquoriste a vendu 78 litres d'anisette à 3 fr. 25 le litre; il gagne 69 francs sur le tout : combien lui avaient coûté les 78 litres de cette liqueur?

(16) Un foudre contenait 18 hectolitres de vin. On en tire pour remplir 3 fûts de chacun 226 litres. Combien en reste-t-il dans le foudre ?

CALCUL MENTAL

(1) Combien font 4 fois 9 ? 4 fois 12 ? 4 fois 13 ? 4 fois 16 ?

(2) Que coûtent 4 chapeaux à 3 fr. 50 l'un ?

(3) Que valent 8 mètres de toile à 1 fr. 25 le mètre ?

(4) Une jeune fille fait 7 mètres de passementerie par jour : combien en fait-elle en 8 jours ? en 9 jours ? en 10 jours ?

(5) Que reste-t-il à s'écouler d'une année dont 55 jours sont terminés ?

(6) Combien faut-il de pièces de 2 francs pour payer 64 francs ?

(7) Quelle somme aurait-on avec 15 pièces de 0 fr. 50 et 12 pièces de 2 francs ?

(8) Quelle est la somme de 6 fois 8 et de 4 fois 5 ?

(9) Si une douzaine de boutons vaut 0 fr. 80, que valent 6 douzaines ?

(10) Une bouteille contient 500 grammes d'eau : que contient-elle de litres ?

QUATRE-VINGT-DIXIÈME LEÇON

Les multiples du *gramme* (g.) sont :
le *décagramme* (Dg.), qui vaut   10 grammes.
l'*hectogramme* (Hg.),   —   100 grammes.
le *kilogramme* (Kg.),   —   1000 grammes.

Les sous-multiples du gramme sont :
le *décigramme* (dg.), qui vaut $0^{gr},1$
le *centigramme* (cg.),   — $0^{gr},01$
le *milligramme* (mg.),   — $0^{gr},001$

Les mesures de poids vont de 10 en 10, comme les mesures de longueur et de capacité, tandis que nous savons que les mesures de surface vont de 100 en 100, et les mesures de volume de 1000 en 1000.

EXERCICES SUR LES PLANCHETTES

(1) Combien le Dg. vaut-il de grammes?
(2)   — Hg.   — ?
(3)   — Kg.   — ?
(4)   — g.   — dg.?
(5)   — dg.   — cg.?
(6)   — g.   — cg.?
(7)   — dg.   — mg.?
(8)   — g.   — mg.?

(9) Quel est le poids d'un dmc. ou d'un litre d'eau pure, exprimé en Kg. ?

(10) Quel est le poids d'un mc. ou d'un kilolitre d'eau pure, exprimé en Kg. ?

(11) Exprimer en gr.   7 Hg.
(12)   — Dg.   8 Kg.
(13)   — dg.   5 Dg.
(14)   — cg.   13 g.

(15) Un paysan a vendu à la foire 40 moutons et 3 bœufs ; le prix d'un mouton est de 35^r,5 et celui d'un bœuf de 625 francs. Quelle somme a-t-il reçue?

(16) Un marchand de bois a acheté 870 stères à 14^r,25 le stère ; il les a revendus 16^r,45 le stère. Combien a-t-il gagné?

(17) Un épicier achète 50 pains de sucre pesant chacun 11^k,48. Quel poids de sucre a-t-il acheté?

(18) Si l'on retire 175 kilos de paille d'un hectolitre de blé, quel poids de paille retirera-t-on d'un champ de 2 hectares produisant 20 hectolitres par hectare?

(19) Un terrain de 345 mètres carrés s'est vendu à raison de 0^r,17 le décimètre carré. Quel prix a-t-il coûté?

(20) Un fermier a récolté 548 hectolitres de blé ; il

on réserve 340 décalitres pour semer et 6745 litres pour les besoins de sa maison. Quelle quantité peut-il vendre?

CALCUL MENTAL

(1) Combien 3 kilogrammes valent-ils de décagrammes?

(2) Combien 8 kilogrammes valent-ils d'hectogrammes?

(3) Combien 7 grammes valent-ils de centigrammes?

(4) Que valent trois moutons à 27 francs l'un?

(5) Un marchand vend 2 douzaines de couteaux à $0^{fr},75$ l'un; que doit-il recevoir?

(6) Quelle somme peut-on payer avec 16 pièces de 5 francs?

(7) Partager entre 3 élèves 63 noix, 90 noisettes, 126 amandes.

(8) On paie 40 francs le mètre cube d'un ouvrage. Combien paie-t-on pour 6 mètres cubes?

(9) Quel est le volume d'un kilogramme d'eau en litres?

(10) Combien gagne-t-on sur un meuble qui coûte 75 francs, en le vendant 87 francs?

QUATRE-VINGT-ONZIÈME LEÇON

Le gramme et ses sous-multiples servent à faire des pesées qui exigent une grande précision, comme dans la pharmacie ou dans l'évaluation des matières précieuses.

Mais, pour les pesées ordinaires du commerce, l'unité est le *kilogramme*, qui équivaut au poids d'un *décimètre cube* d'eau pure.

Il est représenté par un lingot de fonte à six faces surmonté d'un anneau, comme l'indique la figure 1, ou par un lingot de cuivre de forme cylindrique surmonté d'un bouton, comme l'indique la figure 2.

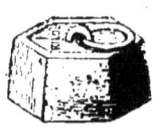

Fig. 1.   Fig. 2.

EXERCICES SUR LES PLANCHETTES (1)

(1) Quel est le poids, exprimé en gr., de 7 cmc. d'eau pure?

(2) Quel est le poids, exprimé en dg., de 48 cmc. d'eau pure?

(3) Quel est le poids, exprimé en Kg., de 5 dmc. d'eau pure?

(4) Quel est le poids, exprimé en Hg., de 12 dmc. d'eau pure?

(5) Quel est le poids, exprimé en Dg., de $0^{dmc},5$ d'eau pure?

(6) Quel est le poids, exprimé en Kg., de $7^{mc},4$ d'eau pure?

(7) Combien faut-il de dg. pour faire un Dg?
(8)   —   cg.   —
(9)   —   dg.   —   Kg.?

(10) Quel est le poids, exprimé en Kg., de 3 Dl. d'eau pure?

(11) Quel est le poids, exprimé en Kg., de 2 Hl. d'eau pure?

(12) Quel est le poids, exprimé en Kg., de $5^{Hl},7$ d'eau pure?

---

(1) Les 91e, 92e et 93e leçons sont un peu courtes. C'est à dessein, parce qu'il est bon qu'à ce moment les élèves fassent un grand nombre d'exercices sur l'étude si importante des volumes, des capacités et des poids.

(13) Si une douzaine de mouchoirs coûte 12ᶠ,50, quel est le prix de 8 douzaines et demie ?

(14) On a fourni à un hôpital 386 lits de fer à 23ᶠ,75 l'un. Quel est le montant de la fourniture ?

(15) Quelle quantité d'eau faut-il ajouter à 648 litres de vin pour obtenir 69 décalitres de mélange ?

(16) Si le mètre cube d'huile pèse 912 kilos, quel est le poids de 5ᵐᶜ,7 de cette huile, exprimé en décagrammes ?

(17) Un ménage composé de 5 personnes consomme en moyenne 5$_{kg}$,400 de pain par jour. On demande la dépense en pain pendant un mois de 30 jours, sachant que le pain coûte 0ᶠ,38 le kilo.

CALCUL MENTAL

(1) Que valent 5 mètres de ruban à 2ᶠ,50 le mètre ?

(2) Combien dois-je payer pour 12 poulets à 3 francs l'un ?

(3) Combien y a-t-il de jours dans 4 semaines ?

(4) Que coûtent 4 paires de souliers à 12ᶠ,50 la paire ?

(5) Combien font 27 — 14 ? 37 — 12 ? 47 — 17 ?

(6) Je donne 18 pièces de 5 francs pour payer un vêtement complet. Quelle en est la valeur ?

(7) On paye 0ᶠ,75 pour 15 mètres de bordure ; quel est le prix du mètre ?

(8) Partager 8 francs, 80 francs, 800 francs entre 2, 4, 8 personnes.

(9) Une personne achète 30 kilos de beurre à 3ᶠ,50 le kilo et les revend à 4 francs. Quel est son bénéfice ?

(10) Une ménagère achète un vêtement de 31 francs et un chapeau de 9 francs. Quelle est sa dépense totale ?

(11) Un courrier, qui fait 5 kilomètres par heure, a marché pendant 25 heures. A quelle distance se trouve-t-il du point de départ ?

(12) Combien font de litres : 9 hectolitres, 6 décalitres et 5 litres ?

LEÇONS D'ARITHMÉTIQUE

(13) A combien l'hectogramme de beurre, si le kilo coûte 2^{fr},50 ?

(14) Combien valent 2 douzaines et demie d'œufs à 0^{fr},05 l'œuf ?

QUATRE-VINGT-DOUZIÈME LEÇON

Les poids sont divisés en trois séries : les gros poids, qui sont en fonte, les moyens, qui sont en cuivre, et les petits poids, qui ne sont que de minces lames métalliques.

Les poids en fonte ont la forme d'une pyramide tronquée et sont munis d'un anneau, comme l'indique la figure 1 ; mais les très gros poids, de 50 kilos par exemple, ont la forme indiquée dans la figure 2.

Fig. 1.   Fig. 2.

Il y a dix poids en fonte, de 50 kilos à un demi-hecto.

EXERCICES SUR LES PLANCHETTES

(1) Quel est le poids en Kg. de 47^{dm}, 4 d'eau pure ?
(2) Exprimer, en prenant le gr. pour unité, 37 Dg.
(3) — — — 4^{ng}, 67.
(4) — — — 87 dg.
(5) — — — 37 mg.
(6) — 11g — 475 gr.
(7) — — — 845 dg.
(8) Exprimer en gr. le poids de 3 Dl. d'eau.
(9) — Dg. — 47^l, d'eau.

(10) Un litre d'air pèse $1^{gr},293$; combien pèse un Dl. d'air ? un Hl. ? un kilolitre ou un mc. d'air ?

(11) Ajouter ensemble $17^{Kg},5$ $9^{Hg},7$ et $15^{Dg},65$ et exprimer la somme en kilogrammes.

(12) De $478^{Kg},97$ retrancher $3618^{Hg},65$.

(13) Pour peser une marchandise, on a employé les poids suivants : 2 Kg., 1/2 Kg., 2 Hg., 5 gr. Quel en est le prix à 200 francs le Kg. ?

(14) Un vase contenant 28 litres d'eau pèse 34 kilos 6 hectogrammes. Quel est le poids du vase vide ?

(15) Quel poids de pain faut-il par jour pour la nourriture d'un collège de 600 élèves, si chacun d'eux en consomme 745 grammes ?

(16) Si un hectolitre de charbon pèse $132^{kg},9$ quel est le poids d'un tombereau contenant 26 hectolitres ?

(17) Une poule pond par an 60 œufs vendus $0^{fr},90$ la douzaine. Quelle somme rapporte-t-elle annuellement ?

CALCUL MENTAL

(1) Je me suis acquitté d'une dette en faisant 4 payements de chacun 55 francs. A combien s'élevait cette dette ?

(2) Combien y a-t-il de mètres de drap dans 3 pièces de chacune 14 mètres ?

(3) Combien peut-on acheter, pour 5 francs, de bouteilles de vin à $1^{fr},25$?

(4) Quel est le tiers de 27 ? le quart de 32 ? le cinquième de 45 ?

(5) Partager 60 francs, 600 francs, entre 20, 30 ouvriers.

(6) Combien l'hectolitre vaut-il de décilitres ?

(7) Combien y a-t-il de décamètres, d'hectomètres, dans 9 kilomètres ?

(8) Quel nombre obtient-on en ajoutant 6 au tiers de 12 ?

(9) Paul a reçu 5 francs, puis 20 francs, et il a dépensé $10^{fr},50$. Combien lui reste-t-il ?

(10) Lorsque le Kg. de viande coûte 2^{fr},10, que coûtent un Hg, un Dg, 10 Kg. ?

QUATRE-VINGT-TREIZIÈME LEÇON

Il y a 14 poids en cuivre de forme cylindrique surmontés d'un bouton. Cette série va du gramme au poids de 20 kilos (voy. la figure 2 de la 91me leçon.)

Il y a 9 petits poids en lames de cuivre (voy. ci-dessous).

Ces poids, qui vont de 1 milligramme à 5 décigrammes, sont principalement en usage chez les bijoutiers et les pharmaciens.

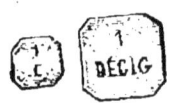

Pour évaluer les grandes pesées, on prend pour unité le *quintal métrique*, qui vaut 100 kilos, et la *tonne*, qui vaut 1000 kilos. Cette dernière s'emploie surtout pour l'évaluation du chargement des wagons et des navires.

EXERCICES SUR LES PLANCHETTES

(1) Quel nom donne-t-on au poids de 10 grammes ?
(2) — 100 grammes ?
(3) — 1000 grammes ?
(4) — à la 0,1 partie du gramme ?
(5) — 0,01 —
(6) Convertir en Dg. 48 gr.
(7) — 6 gr.
(8) — Hg. 87 Kg.
(9) — 748 gr.
(10) — Kg. 57^{Hg},8.

(11) Quel est le poids en Hg de 12 litres d'eau ?
(12)   —   Dg. — 57 dl.   —
(13)   —   Kg. — 0^{mc},49 —
(14)   — 0^{dmc},78 —

(15) Quel est le prix de 3 douzaines et demie de canifs à 3^{fr},25 l'un ?

(16) Une marchandise est pesée avec les poids suivants : 4 kilogrammes, 1 double-hectogramme et 1 double-gramme. On demande le poids de cette marchandise.

(17) Si un double-décalitre de blé pèse 15 kilos, quel est le poids du demi-hectolitre de blé ?

(18) Un journal tire à 25 000 exemplaires par jour ; à combien d'exemplaires tire-t-il par an ?

(19) Un bateau transporte 246 personnes en moyenne par voyage, payant chacune 2^{fr},25. Sachant qu'il a fait 4 voyages dans la journée, quel est le montant de la recette ?

CALCUL MENTAL

(1) Que pèse un hectolitre d'eau ? un centilitre ? 70 décimètres cubes ? 5 dixièmes de mètre cube ?

(2) Quel est le poids de 20 centimètres cubes d'eau pure ?

(3) Combien y a-t-il d'heures de 5 heures du matin à 7 heures du soir ?

(4) Combien font 9 fois 9 moins 3 fois 7 ?

(5) Une personne économise 50 francs par mois. Que met-elle de côté par an ?

(6) Combien pèsent 5 décimètres cubes, 10 décimètres cubes d'eau ?

(7) Combien font 9 décamètres, 15 mètres et 7 décimètres ?

(8) Combien faut-il retrancher de 34 pour avoir 19 pour reste ?

(9) Quelle est la somme due pour avoir 50 kilos de savon à 0^{fr},50 le 1/2 kilo ?

(10) Quel est le poids de 37 mc. d'eau pure ?

LEÇONS D'ARITHMÉTIQUE

QUATRE-VINGT-QUATORZIÈME LEÇON

TABLEAU DES MESURES DE POIDS (1)

MESURES	SIGNES ABRÉ- VIATIFS	VALEURS COMPARÉES AU GRAMME
Tonne métrique	Tm.	1000000 g. ou 1000 kilos
Quintal métrique	Qm.	100000 g. ou 100 kilos
Myriagramme (2)	Mg.	10000 g.
Kilogramme	Kg.	1000 g.
Hectogramme	Hg.	100 g.
Décagramme	Dg.	10 g.
gramme	g.	1, *unité de poids*
décigramme	dg.	0,1
centigramme	cg.	0,01
milligramme	mg.	0,001

Il y a une unité ancienne encore bien en usage, quoique non reconnue par la loi, c'est la *livre*, qui vaut *un demi-kilo*.

EXERCICES SUR LES PLANCHETTES

(1) Quel est le poids en Hg. de 10 litres d'eau ?
(2) — — Qm. de 100 — ?
(3) — — — de 350 — ?
(4) — — Tm. d'un mc ?
(5) — — — de 6000 litres ?

(1) Des tableaux analogues à celui-ci sont très importants dans l'étude du système métrique, en particulier pour la révision.
(2) Le myriagramme n'est pas usité.

ET DE GÉOMÉTRIE

(6) Exprimer en Qm. 54 000 kilos (1)
(7)   —   Tm. 32 000 kilos.
(8) Combien y a-t-il de kilos dans 8 livres ?
(9),   —   24 — ?
(10) Ajouter les poids suivants : 47 kilos, 13 Qm. 8 Tm.
(11) De 7 quintaux retrancher 28 Kg.
(12) De 3 Tm.   —   12 quintaux.
(13) Une personne avait acheté 9 quintaux de savon ; elle en a cédé 347 kilos à un de ses parents. Quelle quantité s'en est-elle réservée ?
(14) On achète du charbon à raison de 43 francs la tonne et on le revend 5 fr. 80 le quintal. Que gagne-t-on sur une vente de 50 tonnes ?
(15) Un quintal de houille donne 26 mètres cubes de gaz. Combien en donnent 45 quintaux ?
(16) Une ménagère achète $4^{kg},750$ de sucre à 1 fr. 15 le kilo, $1^{kg},550$ de beurre à 2 fr. 25 le kilo et 750 grammes de café à 5 francs le kilo. Que doit-elle payer ?
(17) Un marchand avait dans sa voiture 745 melons qu'il avait payés 223 fr. 50 ; il les a vendus en moyenne 0 fr. 45 la pièce. Quel a été son gain ou sa perte ?

CALCUL MENTAL

(1) Combien 2 quintaux valent-ils de kilogrammes ?
(2)   —   5 —   —   d'hectogrammes ?
(3) Combien faut-il de semaines pour faire 35 jours ?
(4) Combien y a-t-il de décamètres dans 60 mètres ?
(5)   —   décimètres — 4 — ?
(6)   —   centimètres — 2 — ?
(7) Un tailleur reçoit 54 francs pour 3 pantalons qu'il a vendus : quelle est la valeur d'un pantalon ?

(1) Il faut habituer les élèves à bien distinguer entre un volume et un poids ; ils font aisément des confusions, à cause de l'identité des nombres qui expriment un certain volume d'eau pure et le poids de ce même volume d'eau.

(8) Si 12 œufs valent 0 fr. 96, que coûtent 2 œufs ? 3 œufs ? 6 œufs ?
(9) Si un kilo de café coûte 4 fr. 80, que coûte un quintal ?
(10) Combien y a-t-il de décagrammes dans 6 kilogrammes ?
(11) Quel est le tiers de 27 ? le quart de 44 ?
(12) Que manque-t-il à 3 fois 31 pour faire 100 ?
(13) Combien manque-t-il à 75 kilos pour faire 1 quintal ?
(14) A 2 fr. 75 le quintal de charbon, que vaut une tonne ?

QUATRE-VINGT-QUINZIÈME LEÇON

DES BALANCES

On pèse les corps à l'aide de la balance.

La balance ordinaire se compose d'une barre rigide appelée *fléau*, mobile autour de l'arête d'un *couteau*, et portant deux plateaux à ses extrémités (Fig. 1).

La balance *Roberval*, qui est très usitée, présente aussi deux plateaux, mais au lieu d'être suspendus au-dessous du fléau, ces plateaux sont placés au-dessus, et soutenus par des supports (Fig 2).

On pèse aussi à l'aide d'appareils autres que les balances, tels que la *romaine*, le *peson*, la *bascule*.

EXERCICES SUR LES PLANCHETTES

(1) Exprimer en grammes le poids de 7 cmc., 3 d'eau.
(2) — — — 5 dmc. —
(3) — — — 17 litres. —
(4) — — — 3 dl. —
(5) — kg. — 8 Dl. —
(6) — — — 7 lll, 5 —

(7) Exprimer en litres la capacité d'un bassin qui contient 7 Qm. d'eau.

Fig. 1.

(8) Exprimer en hectolitres la capacité d'un bassin qui contient 8 Tm. d'eau.

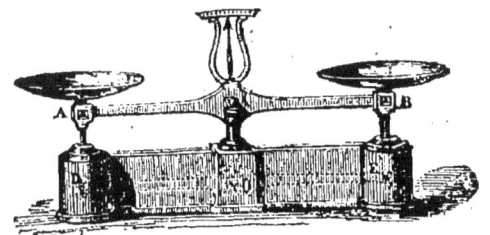

Fig. 2.

(9) Ajouter ensemble 7^{Kg},; 8^{Hg}, 4; $17Q^{m}$.
(10) De 17^{Kg}, 57 retrancher 8^{Hg}, 5.
(11) On demande le prix de 45^{Kg}, 500 de savon à 0 fr. 05 l'hectogramme.

(12) Un train de chemin de fer est composé de 36 wagons portant chacun un poids moyen de 9000 kilos. Quel est le poids total du convoi en tonnes ?

(13) Dans les bonnes terres, un hectolitre de blé en rend environ 35 ; combien récoltera d'hectolitres un cultivateur qui a semé 27 hectolitres 8 décalitres ?

(14) Pour se rendre d'un village à un autre qui est éloigné de 7^{Km},500, un voyageur part à midi. Il fait 125 mètres par minute. A quelle heure arrivera-t-il ?

(15) Quelle somme doit-on pour 35 000 ares de terrain achetés au prix de 8792 francs l'hectare ?

CALCUL MENTAL

(1) Combien y a-t-il de centigrammes dans 6 grammes ?

(2) Combien y a-t-il de kilos dans 4900 Dg. ?

(3) — 11 quintaux font-ils de kilogrammes ?

(4) — y a-t-il de kilos dans 5 tonnes ?

(5) — de secondes — 7 minutes ?

(6) Si une famille consomme en un jour 2^{l},5 de vin à 0 fr. 60, dire sa dépense.

(7) Combien y a-t-il d'hectolitres dans un mètre cube ?

(8) Combien 4 mètres cubes valent-ils de litres ?

(9) Que doit-on pour un banquet de 50 personnes à 7 francs par tête ?

(10) Quel est le prix de 60 rames de papier à 11 francs la rame ?

QUATRE-VINGT-SEIZIÈME LEÇON

DIVISION

Le mot *diviser* veut dire *partager*.

EXEMPLE. — *Partager 12 oranges entre 4 enfants. Combien chaque enfant en aura-t-il ?*

ET DE GÉOMÉTRIE

1ᵉʳ enf. 2ᵉ enf. 3ᵉ enf. 4ᵉ enf.
Donnons d'abord 1 orange à chacun : O O O O
Nous avons donné 4 oranges; il en reste 8 à partager.
Donnons encore une orange à chacun : O O O O
Nous avons distribué 8 oranges; il en reste 4 à partager.
Donnons encore une orange à chacun : O O O O
Les 12 oranges sont distribuées : chaque enfant a 3 oranges.
L'opération que nous venons de faire est une *division*.

Définition. — La division d'un nombre entier par un autre est une opération par laquelle on partage le premier nombre en autant de parties égales qu'il y a d'unités dans le second.

Ainsi, dans l'exemple que nous venons de citer, nous avons partagé 12 oranges en autant de parties égales qu'il y a d'unités dans le nombre 4 enfants, c'est-à-dire en 4 parties égales. Chaque partie a été égale à 3, c'est-à-dire que chaque enfant a eu 3 oranges.

EXERCICES SUR LES PLANCHETTES

(1) Écrire, en prenant pour unité le mètre, $7^{Hm},8$.
(2) — — l'Hm., $4^{Km},07$.
(3) — — le litre, $8^{Hl},09$.
(4) — — le kilo, $7^{Qm},3$.
(5) — — le dmc., 3^{mc}.
(6) — — le cmc., $0^{dmc},5$.
(7) — — la Tm., 300 kilos.
(8) Ajouter les quantités suivantes : $3^{Kg},5$, 7^{Hg}, 18^{Dg}.
(9) De $7^{mc},8$ retrancher 1567^{dmc}.
(10) Combien pèsent 14 dl. d'eau ?
(11) Que valent 14 stères de bois, si le décistère est estimé 1 fr. 85 ?
(12) On a revendu 500 francs 25 sapins qu'on avait achetés à raison de 17 fr. 5 l'un. Combien a-t-on gagné ?

(13) Combien y a-t-il de lettres dans un livre de 140 pages, si chaque page a 30 lignes et chaque ligne 38 lettres ?

(14) Que vaut un champ de 3^{ha}, 15 à raison de 4 fr. 50 le mètre carré ?

(15) Un train de chemin de fer a une vitesse de 15 mètres par seconde. Combien parcourra-t-il de kilomètres en une heure ?

CALCUL MENTAL

(1) Combien y a-t-il de litres dans 3 doubles-décalitres ?

(2) Si un stère de bois coûte 18 francs, que vaut un décastère ?

(3) Quel est le prix de 50 mètres carrés de terrain à 80 francs le mètre carré ?

(4) Si l'on économise 2 francs par jour, combien mettra-t-on de temps pour économiser 100 francs ?

(5) Combien y a-t-il de stères dans 15 décistères ?

(6) D'une pièce de vin qui contenait 2 hectolitres, on a retiré 50 litres. Que reste-t-il ?

(7) Prendre la moitié de 20, de 30, de 50, de 60.

(8) Quel est le tiers de 6, de 9, de 12, de 18 ?

(9) Charles avait 22 noisettes : il en a mangé 6 et on lui en a donné encore 12. Combien en a-t-il ?

(10) $6 \times 9 - 2 \times 7$.

(11) $8 \times 7 + 4 \times 11$.

QUATRE-VINGT-DIX-SEPTIÈME LEÇON

DIVISION (suite).

EXEMPLE. — Soit proposé de partager 20 francs entre 4 personnes. L'opération à faire est une *division*.

Le nombre à partager, 20, s'appelle *dividende*, et le

nombre 4, qui indique combien on doit faire de parts égales, s'appelle *diviseur*. Le résultat, qui est ici 5 *francs*, s'appelle *quotient*.

Signe de la division. — On indique une division en plaçant entre le dividende et le diviseur deux points superposés.

Exemple. — On indique la division de 20 par 4 en écrivant 20 : 4.

La division équivaut à une suite de soustractions. En effet, pour trouver, par exemple, combien de fois 5 est contenu dans 20, on n'a qu'à retrancher 5 de 20 autant de fois qu'il est possible : $20 - 5 = 15$; $15 - 5 = 10$; $10 - 5 = 5$; $5 - 5 = 0$.

On a pu retrancher 5 de 20 quatre fois : donc 20 contient 4 fois 5.

EXERCICES SUR LES PLANCHETTES

(1) Quelle est la moitié de 8 ?
(2) — 10 ?
(3) — 14 ?
(4) — 18 ?
(5) — 30 ?
(6) Quel est le tiers de 12 ?
(7) — 15 ?
(8) — 18 ?
(9) — 30 ?
(10) Quel est le quart de 8 ?
(11) — 12 ?
(12) — 20 ?
(13) — 24 ?
(14) — 28 ?
(15) — 100 ?

(16) Six enfants se partagent 42 pommes. Combien chaque enfant recevra-t-il de pommes ?

(17) Un épicier vend $5^k,375$ de café au prix de $5^{fr},75$ le kilo. Combien doit-il recevoir ?

(18) J'achète un jambonneau qui pèse 2ᵏ,775 au prix de 3 francs le kilo. Combien dois-je ?

(19) De 845ᶠʳ,75 que j'avais, j'ai dépensé pour diverses emplettes 678ᶠʳ,30 ; combien me reste-t-il ?

(20) Un négociant avait en magasin 5367 mètres de toile, 1795 mètres de drap et 975 mètres de calicot ; il ne lui reste plus que 885 mètres de toile, 972 mètres de drap et 490 mètres de calicot. Quelle quantité de chacun de ces tissus a-t-il vendue ?

CALCUL MENTAL

(1) Combien doit-on payer pour 8 chaises à 9 francs ?

(2) Que coûteraient 2 chevaux à 750 francs l'un ?

(3) André est resté 8 mois dans une maison où il gagnait 80 francs par mois. Combien a-t-il gagné dans les 8 mois ?

(4) Quel est le tour d'un carré de 8 mètres de côté ?

(5) Une personne reçoit 60 francs pour 6 chaises qu'elle a vendues ; quel est le prix d'une chaise ?

(6) On partage 40 pommes entre 8 enfants ; combien en a chacun ?

(7) Combien valent de centimètres : 14ᵐ,35 ; 7ᴰᵐ,029 ; 1 hectomètre ?

(8) Quel est le double de 16, de 18 ? le triple de 12, de 15 ?

(9) Une longueur de 45 centimètres est partagée en 5 parties égales ; quelle est la longueur de chaque partie ?

(10) Quel est le dixième de 100 ? de 2000 ? de 70 ?

QUATRE-VINGT-DIX-HUITIÈME LEÇON

DIVISION (suite).

Dans les exemples cités aux deux leçons précédentes,

le partage se faisait exactement; mais cela n'arrive pas toujours.

EXEMPLE. — Partager 14 sous entre trois pauvres.

Nous trouvons que l'on peut donner 4 sous à chacun des pauvres, ce qui donne 12 sous. Mais il resterait encore 2 sous à partager.

Ce nombre 2 est appelé le *reste* de la division.

Dans le cas de la division de 15 par 3, le quotient est 5 exactement, mais s'il s'agit de la division de 17 par 3, le quotient est encore 5 et il reste 2.

Pour faire une division, on écrit d'abord le *dividende*, puis à sa droite le *diviseur*, en les séparant par un trait vertical, et l'on souligne le diviseur. On écrit le *quotient* sous le diviseur, comme ci-dessous.

Dividende | Diviseur
Quotient.

EXERCICES SUR LES PLANCHETTES.

(1) Quelle est la moitié de 12 ?
(2) — 16 ?
(3) — 22 ?
(4) — 50 ?
(5) Quel est le tiers de 9 ?
(6) — 21 ?
(7) — 24 ?
(8) — 27 ?
(9) Quel est le quart de 16 ?
(10) — 32 ?
(11) — 40 ?
(12) — 200 ?

(13) Un père de famille donne 1000 francs à ses 5 enfants. Quelle est la part de chacun ?

(14) Une personne charitable a 5260 francs de revenu, et donne chaque année 1785$^\text{fr}$,75 aux pauvres. Que lui reste-t-il ?

(15) J'ai commandé 250 bouteilles de vin à un mar-

chand; il m'en a déjà apporté 8 paniers de 12 bouteilles chacun. Combien m'en doit-il encore?

(16) Un homme gagne 27ᶠ,50 par semaine et sa femme 18 francs. Quel est leur gain par an?

(17) Une voiture est chargée de 15 sacs, contenant chacun 8 doubles-décalitres de blé; quelle est la charge qu'elle supporte, sachant que le double-décalitre pèse 15 kilos?

CALCUL MENTAL

(1) Que vaut 1 mètre de drap, lorsqu'on paye 27 francs pour 3 mètres?

(2) Combien font 3 fois 40? 4 fois 50? 5 fois 60? 6 fois 70?

(3) Une marchande vend 4 kilos de beurre pour 12 francs. Quel est le prix du kilo?

(4) Combien y a-t-il de mètres cubes dans 10 stères?

(5) — de décimètres cubes dans 3 stères?

(6) Un boucher achète 9 moutons pour 360 francs. Quelle est la valeur d'un mouton?

(7) Une personne achète 4 pièces de vin à 205 francs l'une; combien doit-elle?

(8) Un jardin contient 18 arbres; on en arrache le tiers et on en replante 7. Combien y en a-t-il ensuite?

(9) Si un corps pèse 4 fois plus que l'eau à volume égal, que pèsent 20 décimètres cubes de ce corps?

(10) On a revendu 310 francs des marchandises achetées 250 francs. Combien a-t-on gagné?

(11) Un ouvrier reçoit 32 francs pour 8 journées de travail. Quel est son gain quotidien?

(12) Si une demi-douzaine de boutons coûte 0ᶠʳ,15, quel est le prix de 5 douzaines?

QUATRE-VINGT-DIX-NEUVIÈME LEÇON

DIVISION (1ᵉʳ cas).

Le diviseur et le quotient n'ont qu'un seul chiffre.

EXEMPLE. — 28 : 4 est une division dans laquelle le quotient n'a qu'un seul chiffre. Pour le reconnaître, on écrit un zéro à la droite du diviseur, ce qui donne ici 40. Si le nombre ainsi obtenu est plus grand que le dividende, le quotient est plus petit que 10, et, par conséquent, n'a qu'un chiffre.

Dans ce cas on trouve le quotient mentalement au moyen de la *table de multiplication*.

EXERCICES SUR LES PLANCHETTES.

(1) 18 : 3.   (6) 63 : 9.
(2) 24 : 3.   (7) 15 : 2.
(3) 36 : 4.   (8) 23 : 3.
(4) 45 : 5.   (9) 29 : 5.
(5) 54 : 6.   (10) 34 : 6.

(11) Prendre le tiers de 33.
(12)   —   96.
(13)   —   le quart de 28.
(14)   —   36.
(15)   —   84.

(16) Neuf pièces d'étoffe d'égale longueur contiennent ensemble 72 mètres. Quelle est la longueur de chaque pièce ?

(17) On a partagé 84 francs entre 9 personnes. Combien chacune a-t-elle reçu, et qu'est-il resté ?

(18) J'avais 50 francs dans ma bourse : j'ai dépensé 12 francs. Combien, avec ce qui me reste, puis-je acheter de mètres d'étoffe à 3 francs ?

(19) Un propriétaire a récolté 347 hectolitres de vin ; il en réserve 140 décalitres pour faire du vin vieux et

15 hectolitres pour les besoins de sa maison. Quelle quantité peut-il en vendre ?

(20) Un vaisseau compte 258 passagers, dont 135 paient chacun 25 francs et les autres chacun 20 francs. Quelle est la recette ?

CALCUL MENTAL

(1) Combien y a-t-il de fois 9 dans 46 ?

(2) Combien y a-t-il de bougies dans 6 paquets de 8 ?

(3) J'ai payé 33 francs pour 6 couverts de table. Quel est le prix du couvert ?

(4) Un ouvrier reçoit 15 francs pour 3 journées de travail. Que gagne-t-il par jour ?

(5) Si 3 parapluies coûtent 24 francs, quel est le prix d'un seul ?

(6) Un cheval a été payé 1000 francs ; que doit-on le revendre pour gagner 180 francs ?

(7) Un meuble de 160 francs a été revendu 135 francs ; combien a-t-on perdu ?

(8) Si Auguste avait le double de ce qu'il a, il aurait la moitié de 1 franc. Quelle somme a-t-il ?

(9) 8 personnes dépensent 72 francs. Combien chacune dépense-t-elle ?

(10) Une horloge a 30 minutes d'avance. Quelle est l'heure véritable quand elle marque midi quarante minutes ?

(11) Quels sont le quotient et le reste obtenus en divisant 9 par 4 ?

CENTIÈME LEÇON

DIVISION (2me cas)

Une division est du *deuxième cas* lorsque le dividende et le diviseur ont plusieurs chiffres et le quotient un seul.

Pour faire l'opération, on divise les dizaines du dividende par les dizaines du diviseur, ce qui donne le chiffre du quotient ou un chiffre trop fort. Pour l'essayer, on le multiplie par le diviseur et on retranche le produit du dividende. Si la soustraction peut se faire, le chiffre est bon. Si elle ne peut s'effectuer, il faut diminuer d'une unité le chiffre trouvé et continuer ainsi jusqu'à ce que la soustraction réussisse.

1er *Exemple*. — Soit à diviser 167 par 32.

```
Dividende   167 | 32   Diviseur
            160 |  5   Quotient
Reste         7 |
```

On divise les 16 dizaines du dividende par les 3 dizaines du diviseur. On dira : en 16, combien y a-t-il de fois 3 ? 5 fois. On multiplie le diviseur 32 par 5; le produit 160 peut se retrancher du dividende ; 5 *est le quotient et il reste* 7

EXERCICES SUR LES PLANCHETTES

(1) 22 : 11.
(2) 44 : 11.
(3) 55 : 11.
(4) 99 : 11.
(5) 48 : 12.
(6) 60 : 12.
(7) 26 : 13.
(8) 39 : 13.
(9) 60 : 15.
(10) 56 : 14.

(11) Rendre le nombre 47, 15 dix fois plus petit.
(12) — 8, 3 —
(13) — 57 100 —

(14) On a payé 180 francs pour le dîner de 60 personnes. Combien a-t-on payé par personne ?

(15) A 1fr,25 la serviette, combien doit-on payer pour un paquet de 6 douzaines ?

(16) Si une domestique gagne 28 francs par mois, combien met-elle de temps pour gagner 168 francs ?

(17) 5 personnes doivent se partager également 1050 francs. Que revient-il à chacune ?

(18) Une usine a consommé 24 000 kilos de houille en un an. Quelle est la consommation moyenne par mois ?

CALCUL MENTAL

(1) Que pèsent 11 litres d'eau ? 25 litres ? 60 litres ?
(2) Combien 3 hectogrammes valent-ils de grammes ?
(3) Une bouteille contient un litre d'eau ; on en tire 200 grammes : que contient-elle encore ?
(4) Combien y a-t-il de douzaines d'œufs dans 96 œufs ?
(5) Joseph a $0^{fr},50$, Louis $0^{fr},30$ de moins et Paul trois fois autant que Louis. Combien ont-ils ensemble ?
(6) Que valent 12 crayons à $0^{fr},05$? à $0^{fr},07$? à $0^{fr},075$?
(7) A $1^{fr},80$ le kilo, combien vaut un gigot de 3 kilos ?
(8) Lucie donne 2 pièces de 2 francs pour 2 kilos de sucre à $0^{fr},65$ le demi-kilo. Que doit-on lui rendre ?
(9) Quel est le quart de 20, 32, 36, 24, 28 ?
(10) Une salle de classe contenait 52 élèves ; 35 sont sortis et 10 nouveaux sont entrés. Combien en contient-elle ?
(11) Quel est le poids d'un décalitre d'eau ? de 5 décalitres ? de 8 décalitres ?
(12) Un jardin carré a 25 mètres de côté. Quel est son périmètre ?
(13) Une personne est née en 1854 : en quelle année aura-t-elle 60 ans ?

CENT UNIÈME LEÇON

DIVISION — 2me cas (suite)

2me EXEMPLE : Soit à diviser 438 par 59.

$$438 \mid 59 \qquad 8 \text{ fois } 59 = 472.$$
$$\text{Reste } 25 \quad 7$$

En opérant comme nous l'avons fait dans le premier

exemple, c'est-à-dire en disant : en 43, combien de fois 5, on peut trouver un chiffre trop fort.

C'est précisément ce qui arrive dans cet exemple ; nous trouvons : 8 *fois*. Mais 8 fois 59 = 472, nombre plus grand que le dividende 438.

Dans ce cas, on diminue successivement le chiffre du quotient d'une unité jusqu'à ce que le produit du diviseur par ce chiffre puisse se retrancher du dividende. En essayant le chiffre 7, on trouve que le produit du diviseur 59 par 7 peut se retrancher du dividende.

Le quotient est 7 et le reste 25.

EXERCICES SUR LES PLANCHETTES.

(1) 24 : 12.
(2) 84 : 12.
(3) 64 : 32.
(4) 75 : 25.
(5) 108 : 54.
(6) 143 : 57.
(7) 215 : 28.
(8) 460 : 82.
(9) 503 : 65.
(10) 615 : 78.

(11) On remplit 8 fûts d'égale capacité avec 46 hectolitres de vin. On demande la contenance de chaque fût.

(12) Un champ de 7464 mètres carrés doit être divisé en 6 lots égaux. Quelle sera l'étendue de chaque lot ?

(13) Un homme dépense 3^{fr},25 par jour pour sa nourriture, 30 francs par mois pour son logement et 450 francs par an pour son entretien et ses menus frais. Combien dépense-t-il annuellement ?

(14) Un ouvrier qui gagne 5^{fr},75 par jour travaille en moyenne 296 jours par an. Quel est son salaire annuel ?

(15) Un marchand a payé une facture de 275 francs avec 2 billets, l'un de 78^{fr},50, l'autre de 129^{fr},65, et le reste en argent. Combien a-t-il donné en argent ?

CALCUL MENTAL

(1) Quel est le reste de la division 65 : 7 ?
(2) Par quel nombre faut-il multiplier 2, 3, 4, 8, pour obtenir chaque fois 48 comme produit ?

(3) Combien y a-t-il de litres dans 7 hectolitres ?
(4) — 3 mètres cubes ?
(5) — 9 décalitres ?
(6) Un employé a économisé 200 francs en 5 mois ; combien a-t-il mis de côté par mois ?
(7) A 0^{fr},35 le demi-litre de vin, trouver le prix d'un décalitre.
(8) Jules a 0^{fr},80 et Julien 0^{fr},70 ; que manque-t-il à chacun pour avoir 1 franc ?
(9) Quelle est la moitié de 12, 10, 14, 18, 16 ?
(10) Quel est le tiers de 15, 18, 27, 24, 21 ?
(11) Je retranche de 29 la moitié de 14 ; que me reste-t-il ?
(12) On ajoute à 21 le tiers de 18. Quelle somme a-t-on ?
(13) Combien 35 jours font-ils de semaines ?
(14) Que faut-il ajouter à 40 pour obtenir 70 ?
(15) En partageant 48 cerises entre 6 enfants, combien chacun en recevra-t-il ?

CENT DEUXIÈME LEÇON

DIVISION — 2me cas (suite)

On a vu qu'en suivant la règle donnée précédemment on pouvait trouver au quotient un chiffre trop fort, mais qu'on ne trouve jamais un chiffre trop petit. Si pourtant on en écrit par erreur un trop faible, on s'en aperçoit à ce que *le reste est plus grand que le diviseur.*

Par exemple, dans la division précédente, de 438 par 59, écrivons 6 au quotient ; il reste 84.

$$\begin{array}{r|l} 438 & 59 \\ 84 & 6 \end{array}$$

Mais 59 est contenu encore dans 84 ; donc 438 contient plus de 6 fois 59.

ET DE GÉOMÉTRIE

EXERCICES SUR LES PLANCHETTES

(1) 52 : 13.   (6) 120 : 15.
(2) 96 : 12.   (7) 150 : 16.
(3) 108 : 12. (8) 230 : 25.
(4) 70 : 14.   (9) 300 : 43.
(5) 105 : 15. (10) 350 : 52.

(11) Une domestique gagne 32 francs par mois : combien met-elle de temps pour gagner 160 francs ?

(12) Une fontaine donne 14 litres d'eau par minute ; combien met-elle de minutes pour fournir 112 litres ?

(13) Quel est le nombre 25 fois plus petit que 225 ?

(14) La circonférence est partagée en 360 degrés. Combien y-a-t-il de degrés dans une demi-circonférence et dans un quart de circonférence ?

(15) Combien faut-il de mois pour payer une dette de 184 francs, si l'on donne 23 francs par mois ?

CALCUL MENTAL

(1) Combien y a-t-il de kilos dans 40 hectogrammes ?

(2) Si 1 mètre de toile coûte $1^{fr},50$, combien en aurait-on pour 30 francs ?

(3) Quelles sont les économies annuelles d'un ouvrier qui porte 4 francs par semaine à la caisse d'épargne ?

(4) Quel est le quart de 32 ?
(5)   —   cinquième de 55 ?
(6)   —   sixième de 30 ?

(7) Combien faut-il de bouteilles de $0^l,50$ pour contenir 20 litres ?

(8) Combien font 35 fois 2 ?
(9)   —   40 — 3 ?

(10) Combien y a-t-il de kilogrammes dans 200 Dg ?
(11)   —   dmc   —   4 stères ?
(12) $9 \times 9 - 8 \times 3$.

CENT TROISIÈME LEÇON

DIVISION — 3ᵐᵉ cas.

Une division est du troisième cas, lorsque *le diviseur et le quotient ont chacun plusieurs chiffres.*

Pour opérer, on prend sur la gauche du dividende le nombre qui contient le diviseur au moins une fois, mais moins de 10 fois. On divise ce nombre par le diviseur, ce qui donne le premier chiffre du quotient. A la droite du reste, on abaisse le chiffre qui suit le premier dividende partiel, ce qui donne un deuxième dividende partiel qu'on divise par le diviseur; on obtient ainsi le deuxième chiffre du quotient. On continue de la même manière jusqu'à ce qu'on ait abaissé tous les chiffres du dividende.

EXEMPLE. — Soit à diviser 978 par 23.

$$\begin{array}{r|l} 978 & 23 \\ 58 & \overline{42} \\ 12 & \end{array}$$

On prend sur la gauche du dividende le nombre 97, qui contient le diviseur 23 moins de 10 fois, et on dit : en 9, combien de fois 2 ? 4 fois. On multiplie 23 par 4, et on retranche de 97; on obtient pour reste 5. A la droite de 5, on abaisse le chiffre suivant, 8, et l'on dit : en 58, combien de fois 23 ? ou plus simplement : en 5, combien de fois 2 ? 2 fois. Et ainsi de suite.

EXERCICES SUR LES PLANCHETTES.

(1) 144 : 12.
(2) 225 : 15.
(3) 270 : 16.
(4) 625 : 25.
(5) 817 : 40.
(6) 760 : 32.
(7) 920 : 35.
(8) 1115 : 40.
(9) 2138 : 32.
(10) 3051 : 42.

(11) Un berger estime à 2356 francs la valeur de son

troupeau, qui comprend 62 moutons. Combien estime-t-il chaque mouton ?

(12) Un industriel paye chaque semaine 1680 francs à 48 ouvriers. Que gagne par semaine chaque ouvrier ?

(13) Un train parcourt 60 kilomètres 75 décamètres en 1 heure 15 minutes. Quelle distance parcourt-il en 1 minute ?

(14) Une propriété a été achetée 87 645 francs et l'acquéreur y a dépensé 19 355^{fr},75; puis il l'a revendue 100 000 francs. Combien a-t-il perdu ?

(15) Un propriétaire vend 324 mètres carrés de terrain au prix de 6^{fr},75 le centiare. Quelle somme lui est-il dû ?

CALCUL MENTAL

(1) Combien y a-t-il de millimètres dans 3 mètres ?

(2) Un terrain carré a 24 mètres de tour : quelle est la longueur du côté de ce carré ?

(3) Que pèsent 5^l, 575 d'eau ? 3^{mc},910 ?

(4) Quel est le volume de 4 kilos d'eau ? — 10 kilos ? — 40 kilos ?

(5) Un restaurateur achète 20 poulets à 3^{fr},80 la paire ; que doit-il ?

(6) Quelle dépense nuisible fait chaque matin un ouvrier qui boit chaque mois pour 6 francs d'eau-de-vie ?

(7) Quel est le cinquième de 25, 30, 45, 40, 35 ?

(8) Un ouvrier reçoit 35 francs pour 5 journées de travail. Quelle somme recevrait-il pour 7 journées ?

(9) Un paquebot parcourt 22 kilomètres à l'heure. Quelle distance franchirait-il en 7 heures ?

(10) Si j'avais 8 francs de plus, j'aurais 25 francs. Combien ai-je ?

CENT QUATRIÈME LEÇON

Lorsque le dividende contient le diviseur un nombre

exact de fois, on trouve zéro pour reste. Mais si le dividende ne contient pas le diviseur un nombre exact de fois, on trouve *un reste*.

Ce *reste* est toujours plus petit que le diviseur. Ainsi, en divisant 798 par 34, on trouve 23 au quotient et pour reste 16, nombre inférieur au diviseur 34.

$$\begin{array}{r|l} 798 & 34 \\ 118 & \overline{23} \\ \text{Reste } 16 & \end{array}$$

Exercices sur les planchettes.

(1) 45 : 15.   (6) 543 : 17.
(2) 105 : 15. (7) 615 : 18.
(3) 135 : 16. (8) 745 : 23.
(4) 78 : 18.   (9) 817 : 28.
(5) 209 : 19. (10) 945 : 32.

(11) Un voyageur doit parcourir 875 kilomètres, dont 640 en chemin de fer, 153^{km},500 en voiture et le reste à pied. Quelle est la longueur de ce dernier parcours ?

(12) Si 35 montres ont été payées 2730 francs, quel est le prix d'une montre ?

(13) Si l'on partageait 24 335 francs également entre 31 personnes, combien reviendrait-il à chacune ?

(14) Un propriétaire a vendu 7650 francs les 85 pièces de vin dont il peut disposer. On demande le prix d'une pièce.

(15) Un journal avait la première année 3425 abonnés, payant chacun 18 francs ; la seconde il en a 5809. De combien la recette de la deuxième année surpasse-t-elle celle de la première ?

CALCUL MENTAL

(1) Un ouvrier dépense 0^{fr},75 pour son déjeuner et 1^{fr},30 pour son dîner. Que dépense-t-il par jour pour sa nourriture ?

(2) Un apprenti gagne 1^{fr},15 par jour. Que reçoit-il chaque semaine de 6 jours de travail ?

(3) Combien 49 jours font-ils de semaines ?

(4) Un vase vide pèse 230 grammes : que pèse-t-il quand il contient un litre et demi d'eau ?

(5) Combien y a-t-il de centimètres de ruban dans 8 mètres ? dans 0^m,6 ?

(6) A 0^m,15 le décimètre d'étoffe, combien valent 4 mètres ? 8 mètres ?

(7) Quel est le sixième de 30, 48, 42, 54, 36 ?

(8) Un jardin carré a 120 mètres de côté. Quel est son périmètre ?

(9) Combien valent de décagrammes les pesées suivantes : 48^{gr},5 ? 67 grammes ? 10^{gr},5 ?

(10) J'avais 65 francs dans mon porte-monnaie. J'ai dépensé 15 francs, puis 13 francs. Combien ai-je encore ?

CENT CINQUIÈME LEÇON

Si, dans le cours d'une division, il arrive qu'un dividende partiel ne contienne pas le diviseur, on écrit un *zéro* au quotient, on abaisse ensuite le chiffre suivant du dividende total à droite de ce dividende partiel et on continue la division.

A mesure qu'on abaisse les chiffres du dividende total, il est bon de les marquer par un point, que l'on place au-dessus de chacun d'eux. Cette précaution peut éviter des erreurs.

EXEMPLE : Soit à diviser 9754 par 48.

$$\begin{array}{r|l} 9754 & 48 \\ 154 & \overline{203} \\ 10 & \end{array}$$

En retranchant 2 fois 48 de 97, on obtient pour reste 1 ; plaçant à la droite de ce reste le chiffre à abaisser, on obtient 15, nombre plus petit que le diviseur 48 ; on écrit alors un zéro au quotient et on abaisse le chiffre suivant 4 du dividende, ce qui donne 154, que l'on divise par 48, et ainsi de suite.

EXERCICES SUR LES PLANCHETTES

(1) 63 : 21.
(2) 105 : 21.
(3) 115 : 23.
(4) 189 : 9.
(5) 317 : 16.
(6) 1890 : 18.
(7) 2954 : 22.
(8) 2700 : 28.
(9) 3447 : 17.
(10) 5618 : 55.

(11) Une pièce de drap de 52 mètres a été payée 884 francs. A combien revient le mètre ?

(12) Un ouvrier a reçu 165 francs pour 33 journées de travail. Combien gagne-t-il par jour ?

(13) Une caisse contenant 432 oranges est distribuée entre 72 enfants. Combien chacun en reçoit-il ?

(14) Une personne vend un bois 4500 francs ; si elle l'avait vendu 80 francs de plus, elle aurait gagné 600 francs. Combien ce bois lui avait-il coûté ?

(15) Une propriété de 72 hectares a été payée 144 000 francs. Quelle est la valeur de l'are ?

CALCUL MENTAL

(1) A 0 fr. 07 le centimètre de velours, que valent 2 mètres ? 3 mètres ?

(2) A 9 francs le décamètre de palissade, que vaut l'hectomètre ?

(3) Dans 3 heures, j'ai fait 12 kilomètres : combien ai-je fait d'hectomètres par heure ?

(4) Combien 1 mètre vaut-il de demi-décimètres ? de doubles-décimètres ?

(5) A 0 fr. 35 le demi-mètre d'indienne, combien vaut un coupon de 5 mètres ?

(6) Quel est le septième de 42, 35, 63, 49, 56 ?

(7) Si 5 mètres de drap coûtent 125 francs, quel est le prix du mètre ?

(8) Combien faut-il de pièces de 5 francs pour faire 1000 centimes ?

(9) En gagnant 3 francs par jour, quel est le gain pour 23 jours ?

(10) Retrancher 6 de 48, autant de fois que possible.

(11) Un gramme d'argent pur vaut 0 fr. 22. Quelle est la valeur d'un kilogramme ?

(12) Si 8 mètres de soie valent 72 francs, que vaut le mètre ?

CENT SIXIÈME LEÇON

Si la division donne un reste, on peut continuer l'opération jusqu'aux dixièmes, aux centièmes, aux millièmes, etc.

Pour obtenir un quotient évalué en décimales, on met une virgule à la droite du quotient entier obtenu, un zéro à la droite du reste, et l'on continue la division, en ajoutant successivement sur la droite des dividendes partiels autant de zéros qu'on veut avoir de décimales au quotient.

EXEMPLE : Soit à diviser 37 par 8.

```
  37  | 8
  50   4,625
  20
  40
   0
```

On trouve 4 pour la partie entière et il reste 5. On met une virgule au quotient et un zéro à la droite du reste 5 et on divise 50 par 8, ce qui donne 6 dixièmes au quotient, et ainsi de suite.

EXERCICES SUR LES PLANCHETTES

(1) 180 : 30.

(2) 265 : 18.
(3) 298 : 23.
(4) 324 : 18.
(5) 364 : 19.
(6) 73 : 3 avec 1 décimale.
(7) 85 : 12 — —
(8) 107 : 15 — —
(9) 47 : 7 avec 2 décimales.
(10) 89 : 9 — —

(11) Jean reçoit 2000 francs pour payer 1498 fr. 85. Combien doit-il rendre ?

(12) Une fermière vend 45 kilos de beurre pour 112 francs. Combien vend-elle le kilo ?

(13) Quel est le prix de 3 hectogrammes de tabac à 12 francs le kilo ?

(14) Un chapelier achète 18 chapeaux à 36 francs la demi-douzaine et les revend 138 francs. Quel est son bénéfice ?

(15) On a payé 12520 francs pour 40 pièces d'étoffe d'égale longueur, coûtant 5 francs le mètre. On demande la longueur de chaque pièce.

CALCUL MENTAL

(1) Combien y a-t-il d'ares dans 3 hectares ? dans 7 hectares ?

(2) Combien y a-t-il d'ares dans 275 mètres carrés ?

(3) Que valent 2 ares de terrain à 5 francs le mètre carré ?

(4) En semant 5 grains de blé par décimètre carré, combien en faudra-t-il par mètre carré ? par are ?

(5) Combien faut-il de centimes pour faire 5 francs ?

(6) Quel est le huitième de 64, 40, 72, 48, 56 ?

(7) Quel est le prix de 14 mètres de flanelle à 5 francs le mètre ?

(8) Combien font ensemble le tiers de 24 et le quart de 36 ?

(9) Il faut 3600 pains de 2 kilos pour l'approvisionnement d'une garnison. Quel est le poids de tout ce pain ?

(10) Si 9 chaises ont coûté 54 francs, quel est le prix d'une chaise ?

(11) Si un gramme d'or pur vaut 3 fr. 44, que vaut un kilo ?

(12) Combien y a-t-il de décimètres dans 3 mètres ?

CENT SEPTIÈME LEÇON

Lorsque le dividende est *plus petit* que le diviseur, on met un *zéro* au quotient, suivi d'une virgule, puis un zéro aussi à la droite du dividende. On continue ensuite à mettre alternativement des zéros au quotient et au dividende, jusqu'à ce que celui-ci soit plus fort que le diviseur.

EXEMPLE : Soit à diviser 7 par 485 :

```
 700  | 485
2150   0,014
 210
```

Je dis : 7 ne contient pas 485 et j'écris 0 au quotient; puis une virgule. J'écris un zéro à la droite de 7 et j'ai 70, qui ne contient pas encore 485. J'écris un nouveau zéro au quotient, après la virgule, et aussi un deuxième zéro à la droite du dividende, ce qui donne 700. 700 contient 485 1 fois. J'écris 1 au quotient. Je dis ensuite : une fois 485 ôté de 700, il reste 215. J'écris un zéro à la droite de 215 et j'ai 2150, qui contient 485 quatre fois, et ainsi de suite.

EXERCICES SUR LES PLANCHETTES

(1) 280 : 35.

(2) 495 : 17.
(3) 718 : 23.
(4) 816 : 35.
(5) 900 : 29.
(6) 9 : 48 avec 2 décimales.
(7) 12 : 17   —
(8) 45 : 14   —
(9) 3 : 4   —
(10) 5 : 8 avec 3 décimales.
(11) On a rempli 9 bouteilles avec 5 litres de vin. Quelle est la contenance d'une bouteille?
(12) Un tuilier a vendu 56 mille tuiles pour 1245 francs. Combien vaut un mille de ces tuiles?
(13) Une personne qui devait 2400 francs a donné en payement 8 pièces de vin de 225 litres chacune à 0 fr. 55 le litre. Combien doit-elle encore?
(14) Si le tabac coûte 12 francs le kilo, combien aura-t-on de grammes pour 1 franc?
(15) Un tonneau de cidre renferme 625 litres ; un robinet placé à ce tonneau a laissé échapper 8 litres par minute. Combien de litres renfermerait encore le tonneau, si on laisse le robinet ouvert pendant 49 minutes?
(16) Un ouvrier travaillant tous les jours gagne par jour 5 fr. 75 et dépense 3 fr. 25. Combien lui faudra-t-il de jours de travail pour économiser 25 francs?

CALCUL MENTAL

(1) Combien y a-t-il de décimètres cubes dans 2 mètres cubes? dans 5 mc.?
(2) Combien y a-t-il de cmc. d'eau dans un litre?
(3) A 80 francs le mètre cube, combien vaut un décimètre cube?
(4) Combien y a-t-il de décimètres cubes dans $0^{mc},1$? dans $0^{mc},02$?
(5) A $0^{fr},015$ le décimètre cube de maçonnerie, que vaut 1 mètre cube?

(6) Combien faut-il de briques de 500 centimètres cubes pour faire un décimètre cube de maçonnerie? un mètre cube?

(7) Quel est le neuvième de 63, 45, 81, 54, 72?

(8) Combien de centilitres valent 31ˡ,27? 4 décalitres 9 litres?

(9) Combien 17 sous font-ils de centimes?

(10) Combien faut-il de centimes pour faire 15 sous?

(11) Combien y a-t-il de sous dans 65 centimes?

(12) Léon doit 42 francs; il donne 21ᶠ,50. Combien redoit-il?

(13) Combien y a-t-il de pièces de 5 francs dans 75 francs?

(14) Combien y a-t-il de centimètres dans 4 décamètres?

(15) J'avais 28 billes; j'en ai perdu la moitié plus 3. Combien m'en reste-t-il?

CENT HUITIÈME LEÇON

Le quotient ne change pas lorsqu'on multiplie ou qu'on divise le dividende et le diviseur par un même nombre. On peut donc supprimer le même nombre de zéros sur la droite du dividende et du diviseur sans changer la valeur du quotient.

1ᵉʳ EXEMPLE : Soit à diviser 200 par 50.

On supprimera un zéro au dividende et au diviseur et on divisera 20 par 5, ce qui donne 4.

2ᵉ EXEMPLE : Soit à diviser 72000 par 24000. On supprimera trois zéros au dividende et au diviseur et on divisera 72 par 24, ce qui donne 3.

EXERCICES SUR LES PLANCHETTES

(1) 90 : 10.   (2) 200 : 50.   (3) 600 : 40.
(4) 5200 : 200.   (5) 56000 : 700.   (6) 44000 : 8300.

(7) 8 : 13 avec 2 décimales.
(8) 15 : 19.   —
(9) 28 : 47.   —
(10) 34 : 7.   —

(11) J'ai payé un piano 1050 francs en faisant 30 versements égaux. De combien était chaque versement ?

(12) Un fermier vend 50 moutons pour la somme de 2000 francs. Quel est le prix d'un mouton ?

(13) Un homme laisse en mourant une propriété qui est vendue 125000 francs et 13500 francs en argent. Il donne 2000 francs à l'école de son quartier pour fonder une bibliothèque scolaire et partage le reste entre ses quatre enfants. Quelle est la part de chaque héritier ?

(14) Un nombre divisé par 25 a donné pour quotient 20 et pour reste 17 ; quel est ce nombre ?

(15) Un coutelier a payé 36 francs une grosse de couteaux et en a reçu 13 pour 12 ; il les revend $0^{fr},40$ pièce. Que gagne-t-il par couteau ?

(16) Un ménage qui consomme 4 litres de lait par jour à $0^{fr},25$ le litre, fait un payement de 56 francs au laitier. Combien de jours celui-ci avait-il fourni ce ménage ?

CALCUL MENTAL

(1) Quel est le quotient de 72 par 9 ?
(2) Que pèse un centimètre cube d'eau pure ?
(3) Un ouvrier reçoit 35 francs pour 7 journées de travail. Que gagne-t-il par jour ?
(4) Combien un stère vaut-il de décistères ? de mètres cubes ? de dmc. ?
(5) Combien un demi-décastère de copeaux contient-il de décistères ?
(6) Un ouvrier gagne 42 francs par semaine de 6 jours de travail. Combien gagne-t-il par jour ?
(7) Quelle est la moitié de 3, 7, 11, 9, 17 ?
(8) Quel est le nombre 70 fois plus grand que 11 ?

(9) Combien y a-t-il de pêches dans 8 paniers de chacun 40 ?

(10) Combien de grammes valent 2 fois 15 kilos ?

(11) Combien y a-t-il de mois dans 9 semestres ? 12 trimestres ?

(12) Combien valent ensemble le quart et le cinquième de 100 ?

(13) Un homme a actuellement 40 ans. En quelle année est-il né ?

CENT NEUVIÈME LEÇON

DIVISION D'UN NOMBRE DÉCIMAL PAR UN NOMBRE ENTIER

Pour diviser un nombre décimal par un nombre entier, on fait l'opération comme s'il s'agissait de nombres entiers, en ayant soin d'écrire une virgule au quotient dès qu'on abaisse le chiffre des dixièmes du dividende

EXEMPLE : Soit à diviser 73,87 par 15.

$$\begin{array}{r|l} 73,87 & 15 \\ 138 & 4,92 \\ 37 \\ 7 \end{array}$$

On divise la partie entière 73 par 15, on obtient pour quotient 4 et pour reste 13. On met une virgule au quotient et on abaisse le chiffre 8 des dixièmes. On divise 138 par 15, et ainsi de suite.

EXERCICES SUR LES PLANCHETTES

(1) 7,2 : 6.
(2) 9,5 : 7.
(3) 15,8 : 8.
(4) 37,65 : 6.
(5) 89,72 : 9.
(6) 34 : 850.

(7)   15 : 17   avec 2 décimales.
(8)   24 : 65   —
(9)   745 : 39   avec 1 décimale.
(10) 75000 : 3200   —
(11) 38400 : 220   —

(12) On achète 6 bottes d'asperges pour 11ʳ,40. Que coûte une botte ?

(13) Un tailleur achète 35 mètres de drap pour 533ᶠʳ,75. On demande le prix du mètre.

(14) Une propriété de 15 hectares a été vendue 67500 francs ; quel est le prix de l'are ?

(15) Si 160 grammes de thé ont coûté 1 franc, que vaut le kilo ?

(16) Si 15 mètres de drap ont coûté 135 francs, combien faut-il revendre le mètre pour gagner 45 francs sur la totalité ?

(17) Pour sabler une cour, on a répandu 45 tombereaux de gravier. Quelle est la dépense, sachant que chaque tombereau contient 0ᵐᶜ,400 et que le gravier a été acheté 4ᶠʳ,50 le mètre cube ?

CALCUL MENTAL

(1) A 1ᶠʳ,50 le litre d'huile, que vaut 1 double-décalitre ?

(2) Quand le litre de lait vaut 0ᶠʳ,20, combien a-t-on de litres pour 2 francs ?

(3) Combien y a-t-il d'hectolitres de vin dans 240 litres ?

(4) A 24 francs le mètre cube de chaux, combien vaut 1 litre ?

(5) Combien y a-t-il de grammes dans 3 kilos ? dans 5ᴷ,400 ?

(6) Combien y a-t-il de kilos de foin dans 4 quintaux ?

(7) Quel est le tiers de 22, de 19, de 23, de 11, de 28 ?

(8) Un ouvrier fait 8 mètres d'ouvrage par jour. Combien en fait-il en 3/4 de jour ?

(9) Que coûtent 12 litres d'eau-de-vie à 2ᶠʳ,50 le litre ?

(10) On prend 11 mètres d'étoffe sur une pièce de 34 mètres. Combien en reste-t-il?

(11) Que reste-t-il de 75 hectolitres de blé si on en vend 29?

(12) Combien font le quart de 80 plus le tiers de 33?

(13) En divisant un nombre par 5, on trouve 3 pour quotient et 4 pour reste. Quel est ce nombre?

CENT DIXIÈME LEÇON

DIVISION D'UNE FRACTION DÉCIMALE PAR UN NOMBRE ENTIER

EXEMPLE : Soit à diviser 0,78 par 12.

$$\begin{array}{r|l} 0,78 & 12 \\ \hline 60 & 0,065 \\ 0 & \end{array}$$

On dira : 0 unité ne contient pas 12; on mettra un zéro au quotient puis une virgule, et on dira ensuite : 7 dixièmes ne contiennent pas 12; on mettra 0 dixième au quotient et on dira : en 78 centièmes, combien de fois 12? 6 fois et il reste 6. A la droite de 6 on met un zéro. En 60, combien de fois 12? 5 fois juste. Le quotient est 0,065 exactement.

EXERCICES SUR LES PLANCHETTES

(1) 0,84 : 7.
(2) 0,96 : 8.
(3) 0,99 : 9.
(4) 0,72 : 6.
(5) 0,452 : 8.
(6) 85000 : 3700 avec 2 décimales.
(7) 7290 : 810 —
(8) 47 : 53 —

(9)   123 : 9   avec 2 décimales.
(10) 540 : 370

(11) On a payé 92 francs pour 23 paires de gants. Quel est le prix d'une seule paire ?

(12) J'avais acheté 54 mètres d'étoffe pour 432 francs ; je n'ai pu les revendre que 324 francs. Combien ai-je perdu par mètre ?

(13) Si un stère de bois vaut 15 francs, combien en aura-t-on de stères pour 14 685 francs ?

(14) Dans une ferme, on a consommé 12 kilos de pain par jour. Combien faut-il de pains de 5 kilos par mois de 30 jours ?

(15) On a récolté dans un champ 128 décalitres de blé qu'on a vendus 4 fr. 10 le double-décalitre. Les frais de culture se sont élevés à 28 fr. 75 et les impôts à 7 fr. 55. Combien ce champ a-t-il rapporté ?

CALCUL MENTAL

(1) Que devient un nombre entier à la droite duquel on ajoute deux zéros ?

(2) Quel nombre obtient-on en ajoutant 5 unités à 9000 ?

(3) En revendant 1250 francs un cheval, on a gagné 150 francs. Combien avait-il coûté ?

(4) Quel est le poids de 49 décimètres cubes d'eau pure ?

(5) Combien font 5 fois 20 ? — 5 fois 25 ?

(6) Quel est le volume de 10 quintaux d'eau ?

(7) Combien y a-t-il d'hectolitres dans un bassin de 2 mètres cubes ?

(8) Pour payer une facture, je donne un billet de 500 francs sur lequel on me rend 60 francs. Quel était le montant de la facture ?

(9) Une propriété de 28 hectares doit être divisée en 4 lots égaux. Quelle sera, en ares, l'étendue de chacun d'eux ?

(10) Combien y a-t-il d'ares dans 500 mq ?

CENT ONZIÈME LEÇON

DIVISION D'UN NOMBRE ENTIER PAR UN NOMBRE DÉCIMAL

Pour diviser un nombre entier par un nombre décimal, on écrit, à la droite du dividende autant de zéros qu'il y a de chiffres décimaux au diviseur; puis on opère sans s'occuper de la virgule et sans rien changer au quotient.

EXEMPLE : Soit à diviser 47 par 3, 52.

Il y a deux chiffres décimaux au diviseur; on mettra alors deux zéros au dividende, ce qui donnera 4700, et on divisera 4700 par 352, c'est-à-dire par le diviseur pris sans virgule.

```
4700 | 352
1180   13,35
1240
1840
  80
```

(*On a fait la division en cherchant deux décimales au quotient.*)

EXERCICES SUR LES PLANCHETTES.

(1) 108 : 5.
(2) 324 : 5.
(3) 486 : 5.
(4) 38 : 2,3.
(5) 40 : 3,1.
(6) 7 : 4,8.
(7) 19 : 2,13.
(8) 25 : 4,05.
(9) 40 : 5,21.
(10) 103 : 2,15.

(11) Une domestique gagne 1 fr. 25 par jour. Combien lui faut-il de jours pour gagner 20 francs ?

(12) Un fût de cognac coûte 185 francs; le litre revient à 3 fr. 70. Combien ce fût contient-il de litres ?

(13) Une ménagère a acheté 6 douzaines de mouchoirs pour 32 fr. 40. A combien lui revient un mouchoir ?

(14) Un cafetier paye 344 fr. 75 pour du rhum qu'il a acheté 2 fr. 85 le litre. Combien a-t-il reçu de litres ?

(15) Un entrepreneur occupe 28 hommes qu'il paye 3 fr. 40 par jour et 12 enfants qu'il paye 1 fr. 25. Combien doit-il par journée de travail?

(16) Un journalier avait à bêcher 15 ares 12 centiares de terrain. Il en a bêché le premier jour 400 mq et le deuxième jour 475 mq. Que lui reste-t-il à bêcher ?

CALCUL MENTAL

(1) Combien y a-t-il de grammes dans 2 décimètres cubes d'eau?

(2) Un réservoir contient 5 mètres cubes d'eau. Combien cela fait-il de litres, et quel est le poids de cette eau ?

(3) Si le quintal de sucre vaut 105 francs, quel est le prix du kilo ?

(4) A 0 fr. 20 le kilo de sel, que vaut un hectogramme ? un quintal?

(5) A 0 fr. 25 le demi-hectogramme de poivre, que vaut un kilo?

(6) Quel est le quart de 5, 23, 9, 37, 27?

(7) Combien font 6 fois 11, 7 fois 12, 8 fois 15?

(8) Quel est le septième de 14, 21, 35, 56, 63, 42?

(9) On donne 10 boutons pour 0 fr. 24. Que vaut le cent?

(10) Combien y a-t-il de centimètres dans 8000 millimètres?

(11) A 0 fr. 20 le kilo de sel, quel poids a-t-on pour 1 franc?

(12) Une couturière gagne 2 fr. 50 par jour ; combien gagne-t-elle en 6 jours?

CENT DOUZIÈME LEÇON

DIVISION D'UN NOMBRE ENTIER PAR UNE FRACTION DÉCIMALE

Pour diviser un nombre entier par une fraction décimale, on suit la règle énoncée à la précédente leçon, c'est-à-dire qu'on écrit à la droite du dividende autant de zéros qu'il y a de chiffres décimaux dans le diviseur, puis on fait la division sans s'occuper de la virgule.

EXEMPLE. — Soit à diviser 7 par 0,453.

Il y a trois chiffres décimaux au diviseur; on mettra alors trois zéros au dividende, ce qui donnera le nombre 7000. On divisera 7000 par 453, c'est-à-dire par le diviseur pris sans virgule.

$$\begin{array}{r|l} 7000 & 453 \\ 2470 & \overline{15,4} \\ 2050 & \\ 238 & \end{array}$$

(*On a fait la division en cherchant une décimale au quotient*).

EXERCICES SUR LES PLANCHETTES.

(1) 380 : 60.
(2) 5700 : 5.
(3) 415 : 5.
(4) 713 : 6.
(5) 81 : 3,2.
(6) 4 : 0,5.
(7) 7 : 0,6.
(8) 9 : 0,7.
(9) 12 : 0,52.
(10) 15 : 0,45.

(11) La distance de Paris à Marseille est de 864 kilomètres. Combien de temps un train qui fait 44 kilomètres à l'heure mettra-t-il pour aller de Paris à Marseille?

(12) 5 agneaux ont coûté 62 francs; on a gagné 6 francs en les revendant; combien a-t-on vendu chaque agneau?

(13) On a vendu 25 mètres de drap 400 francs; on a

gagné 2 fr. 75 par mètre : combien avait-on payé le mètre de drap ?

(14) Un franc pèse 5 grammes. Combien pèse un sac de 234 pièces de 5 francs en argent, le sac vide pesant 385 grammes ?

(15) Quatre ménagères se partagent 5 pièces de toile de 22 mètres chacune et valant 1 fr. 20 le mètre. Combien chacune d'elles a-t-elle à payer ?

(16) Un habitant de Paris est parti de sa maison à 6 heures 30 du matin pour aller à pied à Versailles, où il est arrivé à 11 heures 30. Combien a-t-il parcouru de mètres par heure, sachant que la distance de Paris à Versailles est de 24 kilomètres ?

CALCUL MENTAL

(1) Si 20 moutons ont été payés 500 francs, à combien revient un mouton ?

(2) Une bonne a dépensé 56 francs sur une somme de 65 francs qu'on lui avait remise au commencement de la semaine. Combien lui reste-t-il ?

(3) Combien y a-t-il de jours dans un siècle ?

(4) Un sac renferme 48 amandes ; on en prend 3 fois 13. combien en reste-t-il ?

(5) Combien 4 mètres cubes font-ils de décimètres cubes ?

(6) Un négociant achète des soieries et s'acquitte avec 17 billets de 1000 francs et un de 500 francs. Quelle est la valeur de ces étoffes ?

(7) Quelle est la moitié de 64, de 86 ?

(8) De combien le nombre 374 surpasse-t-il 30 dizaines ?

(9) Combien faut-il de vitres pour garnir 8 fenêtres de 10 carreaux chacune ?

(10) Le quotient d'une division est 6, le diviseur 9 et le reste 2. Quel est le dividende ?

CENT TREIZIÈME LEÇON

Le dividende et le diviseur sont des nombres décimaux et le dividende a moins de décimales que le diviseur.

Lorsque le dividende contient moins de chiffres décimaux que le diviseur, on égalise le nombre des chiffres décimaux en ajoutant des zéros au dividende, puis on opère sans s'occuper des virgules, c'est-à-dire en considérant le dividende et le diviseur comme des nombres entiers.

EXEMPLE. — Soit à diviser 9, 4 par 2, 35.

Il y a au diviseur deux chiffres décimaux et un seul au dividende. On met un zéro au dividende pour qu'il ait aussi deux décimales, ce qui ne change pas sa valeur. On obtient ainsi 9, 40 : 2, 35. Puis on supprime la virgule de part et d'autre et on divise 940 par 235, ce qui donne pour quotient 4.

```
940 | 235
000   4
```

EXERCICES SUR LES PLANCHETTES

(1) 124 : 62.
(2) 372 : 62.
(3) 498 : 62.
(4) 558 : 83.
(5) 92 : 4,5.
(6) 3,2 : 1,25 avec 1 décimale
(7) 4,6 : 2,15.
(8) 5,3 : 3,25.
(9) 570 : 140.
(10) 8900 : 900.

(11) Combien aurai-je de timbres-poste de 0^f,15 pour 3^f,45 ?

(12) Un restaurateur achète 27^k,5 de bœuf pour 41^f,25. On demande le prix du kilogramme.

(13) On demande le prix de 2^k,725 de bougies à 0^f,15 l'hectogramme.

(14) Quelle est la longueur d'une pièce de calicot payée 48^f,30, si le mètre est estimé 1^f,50 ?

(15) Un employé qui gagne 1800 francs par an subit

une retenue de 90 francs pour sa retraite, paye 260 francs de loyer et place 100 francs à la caisse d'épargne. Combien lui reste-t-il à dépenser par jour?

(16) Que doit une personne qui achète 265^{kg},9 de marchandise à 0^{fr},90 l'hectogramme?

CALCUL MENTAL

(1) Que valent, à 0^{fr},25 le mètre, les plinthes qui entourent une salle carrée de 10 mètres de côté?

(2) Je donne 5 francs pour payer une chaise à 48 francs la douzaine. Que doit-on me rendre?

(3) Un marchand vend à 3 francs le mètre le quart d'un coupon de toile de 12 mètres. Combien reçoit-il?

(4) Quel est le cinquième de 45, de 55, de 65?

(5) Combien y a-t-il de mètres cubes dans 43207 décimètres cubes?

(6) A combien de mètres cubes équivalent 3 demi-décastères de bois?

(7) Si une clef coûte 2^{fr},50, que coûtent 3 clefs?

(8) Si une caisse de savon pèse 90 kilos, que pèsent 2 caisses semblables?

(9) Une fontaine donne 20 litres d'eau par minute; combien donne-t-elle de litres en une heure?

(10) Quel est le sixième de 42, de 54, de 60, de 66?

CENT QUATORZIÈME LEÇON

Le dividende et le diviseur sont des nombres décimaux et le dividende a plus de décimales que le diviseur.

Lorsque le diviseur contient moins de chiffres décimaux que le dividende, on avance la virgule du dividende d'autant de rangs vers la droite qu'il y a de chiffres décimaux dans le diviseur et on divise le nombre

ET DE GÉOMÉTRIE

ainsi obtenu par le diviseur considéré comme étant un nombre entier.

EXEMPLE : Soit à diviser 8,475 par 2,5.

Au diviseur il y a un chiffre décimal. On avance la virgule du dividende d'un rang vers la droite et on obtient le nombre 84,75 que l'on divise par le nombre 25, c'est-à-dire par le diviseur 2,5 en négligeant la virgule de ce diviseur. On a soin, bien entendu, de mettre une virgule au quotient au moment où l'on va abaisser le premier chiffre décimal du dividende, celui des dixièmes.

On obtient pour quotient 3,39 exactement.

```
   84,75 | 25
    9 7    3,39
    2 25
      00
```

EXERCICES SUR LES PLANCHETTES

(1) 3,54 : 1,3. (6) 318 : 5 avec 2 décimales.
(2) 4,65 : 2,4. (7) 817 : 6   —
(3) 7,89 : 3,5. (8) 5,3 : 2,18 avec 2 décim.
(4) 8,47 : 0,7. (9) 0,2 : 0,312   —
(5) 0,415 : 0,82. (10) 79000 : 4000 —

(11) Quel est le prix de 35 hectares 75 ares de pré à 8^{fr},25 le mètre carré ?

(12) Quel est le poids de 745 francs en monnaie d'argent ?

(13) Un épicier paye 400 francs pour du café acheté 0^{fr},40 l'hectogramme ; combien a-t-il reçu de kilos ?

(14) On donne 17 francs pour deux personnes et la première doit avoir 3 francs de plus que la seconde. Faire le partage.

(15) Deux chevaux partent ensemble du même point ; l'un fait 16 kilomètres à l'heure, l'autre en fait 13. De combien de kilomètres le premier aura-t-il dépassé l'autre au bout de 5 heures ?

(16) On mélange 2^{lit},43 de vin de Bordeaux avec 1^{lit},94

de vin de Roussillon et 28 litres d'alcool. Combien de litres dans ce mélange?

CALCUL MENTAL

(1) Quel est le contour d'un carré de 5 mètres de côté?

(2) Un cheval mange 12 kilos d'avoine en 3 jours. Combien lui en faut-il par semaine?

(3) Quel est le poids de 8 francs en monnaie d'argent?

(4) Que valent 20 mètres de drap à 24 francs les 3 mètres?

(5) Un père a dépensé 85 francs pour habiller ses deux enfants; le vêtement de l'un coûte 30 francs : que coûte celui de l'autre?

(6) On brûle dans une maison pour 6 francs d'huile par mois. Pour combien en brûle-t-on par an?

(7) Quel est le sixième de 72?

(8) — septième de 84?

(9) Combien faut-il de temps pour payer 100 francs si on donne 25 francs par mois?

(10) Un boucher achète 4 moutons pour 120 francs. Quel est le prix d'un mouton?

CENT QUINZIÈME LEÇON

On divise un nombre entier par 10, 100, 1000, etc., en séparant par une virgule, 1, 2, 3, etc., chiffres sur sa droite.

EXEMPLE. — Soit à diviser 748 par 100.

On prendra sur la droite de 748 deux chiffres décimaux et on aura 7,48.

On divise un nombre décimal par 10, 100, 1000, en reculant la virgule de 1, 2, 3 rangs vers la gauche.

EXEMPLE. — Soit à diviser 758,3 par 100.

On reculera la virgule de deux rangs vers la gauche et on aura 7,583.

Si le nombre décimal n'a pas assez de chiffres, on y supplée par des zéros.

EXEMPLE. — Soit à diviser 47,8 par 1000.

On déplace la virgule de trois rangs vers la gauche et l'on obtient 0,0478.

EXERCICES SUR LES PLANCHETTES

(1) 4500 : 100.   (6) 0,47 : 10.
(2) 5780 : 100.   (7) 0,859 : 100.
(3) 957 : 10.   (8) 75 : 0,44 avec 2 décim.
(4) 87,5 : 100.   (9) 0,45 : 0,503
(5) 652,3 : 1000. (10) 7,9 : 3,47

(11) Combien peut-on remplir de bouteilles de 0^l,50 avec le contenu d'un double-décalitre ?

(12) Une famille consomme 6 litres de vin en 3 jours. Combien de temps dure une pièce de 218 litres ?

(13) Quel est le revenu journalier d'une personne qui a une rente annuelle de 2190 francs ?

(14) La somme de 3 nombres est 7400. Le premier est égal à 1270, le deuxième à 2680. Quel est le troisième ?

(15) Il a fallu 360 mètres de toile pour faire 30 paires de draps de lit ; quelle est la longueur de la toile employée pour un drap ?

CALCUL MENTAL

(1) Que coûtent 3 douzaines de chemises à 6 francs l'une ?

(2) Un employé dépense inutilement 2 francs par jour au café et en menus frais ; combien cela fait-il par an ?

(3) Combien faut-il de pièces de 20 francs pour faire 900 francs ?

(4) Un employé reçoit 45 pièces de 5 francs pour son traitement mensuel. Que gagne-t-il par mois ?

(5) D'un coupon de drap de 5 mètres, on prend 2^m,60 pour un vêtement. Combien en reste-t-il?

(6) On a dépensé 69 francs pour acheter des dictionnaires à 3 francs l'un. Combien en a-t-on eu?

(7) Combien faut-il de pièces de 2 francs pour faire 86 francs?

(8) Si un litre de vin coûte 0^f,75, combien coûte 1 hectolitre?

(9) Un ouvrier reçoit 45 francs pour 15 journées de travail. Que gagne-t-il par jour?

(10) Quel est le poids d'un double-décalitre d'eau?

CENT SEIZIÈME LEÇON

On fait la preuve d'une division en multipliant le diviseur par le quotient et en ajoutant le reste à ce produit, s'il y a lieu. Si l'opération a été bien faite, on doit retrouver le dividende.

```
           Division.             Preuve.
EXEMPLE : 31897 | 45              708
           397   708               45
            37                   ————
                                 3540
                                 2832
                                 ————
                                 31860
                                    37
                                 ————
                                 31897   Résultat égal
                                         au dividende.
```

EXERCICES SUR LES PLANCHETTES

Faire les divisions suivantes et en faire la preuve :

(1)   715 : 32.   (6)   4965 : 52.
(2)   659 : 48.   (7)   5015 : 43.
(3)   1047 : 15. (8)   6729 : 65.

(4) 3629 : 19.   (9) 7613 : 74.
(5) 4027 : 23.   (10) 8317 : 48.

(11) Si l'on partage 92 noisettes également entre 4 enfants, quelle sera la part de chacun ?

(12) Si le kilogramme de pain vaut 0^{fr},45, combien en aura-t-on de kilos pour 58^{fr},50 ?

(13) Une ligne de chemin de fer a produit en une semaine 64534^{fr},70. Combien cela fait-il par jour en moyenne ?

(14) Que payera-t-on pour creuser un fossé de 325 mètres de long à 34^{fr},75 le décamètre ?

(15) Combien de fois la différence des deux nombres 72 et 48 est-elle contenue dans leur somme ?

(16) Il a été livré à un établissement 29400 kilos de pain en un mois de 30 jours ; de combien de kilos était chaque livraison journalière ?

CALCUL MENTAL

(1) Avec 18 francs, combien peut-on payer d'objets à 9 francs ? à 2 francs ?

(2) Avec 24 francs, combien peut-on acheter de mètres de soie à 6 francs ?

(3) Combien y a-t-il de marches dans un escalier de 4 étages de chacun 15 marches ?

(4) Quel est le septième de 28, de 35, de 63 ?

(5) Quel est le 8e de 640 ? le 9e de 630 ?

(6) Quel est le quart de 1200 ? le 6e de 420 ?

(7) Quel est le 5e de 750 ? le 8e de 240 ?

(8) Une bergerie compte 320 moutons : combien faudrait-il en ajouter pour en avoir 460 ?

(9) Je partage 14 plumes entre 3 écoliers : combien chacun en recevra-t-il et combien en restera-t-il ?

(10) Combien y a-t-il d'heures dans 2 jours plus 8 heures ?

CENT DIX-SEPTIÈME LEÇON

L'unité des monnaies est le *franc*, pièce d'argent qui pèse 5 grammes.

Les monnaies se divisent en monnaies d'argent, monnaies d'or et monnaies de cuivre.

Les monnaies d'argent sont :

La pièce de 5 francs, qui pèse 25 grammes.
La pièce de 2 francs, — 10 grammes.
La pièce de 1 franc, — 5 grammes.
La pièce de $0^{fr},50$ — 2 grammes et demi.
La pièce de $0^{fr},20$ — 1 gramme.

EXERCICES SUR LES PLANCHETTES

(1) Quel est le poids total de toutes les pièces d'argent ?

(2) Quelle est la valeur totale de toutes les pièces d'argent ?

(3) 576 : 72.
(4) 1085 : 5.
(5) 7810 : 40.
(6) 85 000 : 5600.
(7) $0,847 \times 0,53$.
(8) De $5,67 \times 0,87$ retrancher 1,48.
(9) Quel est le poids de $25^{cmc},7$ d'eau pure ?
(10) Combien faut-il de Qm pour faire une Tm ?
(11) Une personne a une somme en pièces de 5 francs en argent qui pèse 1275 grammes. Quelle est cette somme ?
(12) Une bourse contient 25 pièces de 2 francs, 8 pièces de $0^{fr},50$ et 24 pièces de $0^{fr},20$. On demande la valeur et le poids de la monnaie contenue dans la bourse.
(13) Quel est le prix de la façon d'une pièce de velours de 86 mètres, si le mètre est payé $1^{fr},75$?

(14) Un fermier vend un veau, pesant 145 kg,400 pour 178ᶠʳ,85. A combien revient le kilo ?

(15) S'il faut 1ᵐ,20 d'étoffe pour faire un pantalon, combien peut-on en faire avec une pièce de 12 mètres ?

(16) On partage 680 francs entre 15 personnes ; les 7 premières auront chacune 28 francs. Combien recevra chacune des 8 autres ?

CALCUL MENTAL

(1) Quel est le poids de 7 pièces d'un franc ?
(2) Combien y a-t-il de pièces de 0ᶠʳ,05 dans 0ᶠʳ,60 ?
(3) Combien faut-il de pièces de 0ᶠʳ,50 pour faire 2ᶠʳ,50 ?
(4) Quel est le tiers de 7ᶠʳ,50 ?
(5) Combien faut-il de pièces de 5 francs pour peser 1 kilo ?
(6) Combien faut-il de pièces de 2 francs pour peser 1 hectogramme ?
(7) Combien y a-t-il de francs dans 12 décimes ?
(8) —   140 centimes ?
(9) Combien y a-t-il de centimes dans 3 décimes ? 2 francs ? 1ᶠʳ,4 ?
(10) Combien doit-on pour 75 timbres de 0ᶠʳ,05 ?
(11) Quel est le tiers de 150 ? le 9ᵉ de 720 ?
(12) Quels sont les nombres 100 fois plus forts que les nombres suivants : 1,39 — 15,7 — 132,073 — 185,007 ?
(13) 37 ouvriers reçoivent ensemble une gratification de 370 francs. Combien chacun reçoit-il ?
(14) Combien valent 15 grammes en monnaie d'argent ?

CENT DIX-HUITIÈME LEÇON

Le *franc* n'a pas de multiple : on dit 10 francs, 20 francs, 100 francs, etc. ; mais il a deux sous-multiples.

Ces sous-multiples sont ; le *décime*, qui est le dixième du franc et le *centime*, qui en est le centième.

Les pièces de 5 francs sont formées d'un alliage d'argent et de cuivre. Sur 1000 grammes de cet alliage, il y a 900 grammes d'argent pur et 100 grammes de cuivre. Les autres pièces d'argent sont formées aussi d'un alliage d'argent et de cuivre. Sur 1000 grammes de cet alliage, il y a 835 grammes d'argent et 165 grammes de cuivre.

Un gramme d'argent pur vaut $0^{fr},22$ et un gramme d'argent monnayé vaut $0^{fr},20$.

EXERCICES SUR LES PLANCHETTES

(1) Écrire en chiffres trois francs vingt-cinq centimes.
(2) — sept francs huit centimes.
(3) — huit cent cinq francs deux centimes.
(4) — en lettres $60^{fr},7$.
(5) $0^{fr},09$.
(6) $1^{fr}.05$.
(7) 8567 : 85 avec 1 décimale.
(8) Diviser par 11 les nombres suivants : 7227 — 8118.
(9) 12 815 — 6060.
(10) $7,562 \times 0,84 - 3,65$
(11) Que valent 49 Dg,8 d'argent monnayé ?
(12) Un entrepreneur occupe 30 hommes qu'il paye $4^{fr},70$ par jour et 14 enfants qu'il paye $1^{fr},75$. Combien doit-il pour 18 jours de travail ?
(13) Le papier employé pour l'impression d'un livre coûte 624 francs. Combien en a-t-on employé de rames, si une rame coûte $9^{fr},75$?
(14) Sur l'un des plateaux d'une balance, il y a 49 pièces de 5 francs en argent et sur l'autre 187 pièces de $0^{fr},50$. Quel poids faut-il ajouter aux pièces de $0^{fr},50$ pour qu'il y ait équilibre ?
(15) On a payé 684 francs pour 6 barriques de vin contenant chacune 228 litres. Combien a-t-on payé le litre ?

ET DE GÉOMÉTRIE

CALCUL MENTAL

(1) Quel est le poids de 10 francs en monnaie d'argent?
(2) Quel est le volume occupé par 3000 gr. d'eau ?
(3) Combien faut-il de pièces de 1 franc pour peser autant qu'un litre d'eau pure ?
(4) Combien y a-t-il de décimètres dans 1 hectomètre?
(5) — décimes dans 1 franc? dans 2 francs ? dans $2^{fr},50$?
(6) Combien y a-t-il de centimes dans 8 décimes ? — dans $3^{fr},25$?
(7) Combien une pièce de 10 francs vaut-elle de centimes ?
(8) Combien une pièce de 5 francs vaut-elle de décimes?
(9) Que pèsent 1 franc — 10 francs — 100 francs en monnaie d'argent ?
(10) Quel est le 9e de 45, 63, 81, 108 ?
(11) On donne 4 pièces de 20 francs pour payer $63^{fr},75$. Combien doit-on rendre ?
(12) Quel est le prix d'une demi-douzaine de couteaux à $2^{fr},50$ l'un ?
(13) Combien 6 litres font-ils de doubles-décilitres ?
(14) Combien y a-t-il de décimes dans 2 francs ? dans $2^{fr},50$?

CENT DIX-NEUVIÈME LEÇON

Les monnaies d'or sont :
La pièce de 100 francs, qui pèse $32^{gr},258$
La pièce de 50 francs,   — $16^{gr},129$
La pièce de 20 francs,   — $6^{gr},451$
La pièce de 10 francs,   — $3^{gr},225$
La pièce de   5 francs,   — $1^{gr},612$

Les pièces d'or sont formées d'un alliage d'or et de cuivre. Sur 1000 grammes de cet alliage, il y a 900 grammes d'or pur et 100 grammes de cuivre.

Un gramme d'or pur vaut 3^{fr},44 et un gramme d'or monnayé vaut 3^{fr},10.

L'or monnayé, à valeur égale, pèse 15 fois et demie moins que l'argent, c'est-à-dire que pour obtenir, par exemple, le poids de la pièce de 5 francs en or, on dira : la pièce de 5 francs en argent pèse 25 grammes et la pièce de 5 francs en or pèse 15,5 fois moins, ou 25^{gr} : 15,5, ce qui donne 1^{gr},612.

EXERCICES SUR LES PLANCHETTES

(1) Quelles sont les valeurs de toutes les pièces d'or ?
(2) Quel est le poids de 100 francs en argent ?
(3) — — or ?
(4) Combien y a-t-il d'argent pur dans une pièce de 5 francs en argent ?
(5) Combien y a-t-il d'or pur dans une pièce de 5 francs en or ?
(6) Quelle différence de poids y a-t-il entre la pièce de 100 francs en or et celle de 5 francs en argent ?
(7) Diviser par 15 les nombres 225, 450, 1350.
(8) Diviser 3,57 par 0,9 avec 2 décimales.
(9) Quel est le vingtième de 200, de 400 de 1600 ?
(10) 5,789 : 0,4 — 8,65.
(11) Une personne qui me doit 27^{fr},45 me donne en paiement une pièce de 20 francs et une de 10 francs. Que dois-je lui rendre ?
(12) Une dette est payée en donnant 4 billets de 50 francs, 3 pièces de 20 francs et 19 pièces de 2 francs. Quelle était cette dette ?
(13) Quelle est la valeur d'une somme en or qui pèse 140 grammes ?
(14) J'ai acheté 125 Kg. de sel pour 37^{fr},50. Combien coûte le kilogramme ?
(15) Combien faut-il de pièces de 1 franc, placées les unes à la suite des autres, pour faire une longueur de 11^m,50, le diamètre d'une pièce étant 0^m,023 ?

(16) Un négociant achète 225 quintaux de marchandises à 0^{fr},75 le kilo. Combien doit-il ?

CALCUL MENTAL

(1) Que valent 10 grammes d'or monnayé ?

(2) Que pèsent 12 francs en monnaie d'argent ?

(3) Avec combien de pièces de 10 francs payerait-on 360 francs ?

(4) Combien faut-il de pièces de 20 francs pour faire 120 francs ?

(5) Combien faut-il de décimes pour faire un demi-hectogramme d'argent monnayé ?

(6) Quelle est la valeur de 20 grammes de monnaie d'argent ?

(7) Combien 9 francs font-ils de centimes ?

(8) Quel est le septième de 490 ? le sixième de 540 ?

(9) Combien peut-on avoir de mètres de drap à 8 francs pour 560 francs ?

(10) Combien faut-il de millimètres pour faire 5^m,50 ?

(11) Que faut-il ajouter à 0^{fr},75 pour avoir 1 franc ?

(12) Que font ensemble le cinquième de 30 et le huitième de 64 ?

(13) Combien faudrait-il de francs pour peser 0^{Kg},5 ?

(14) Combien 3 Qm. valent-ils d'Hg. ?

CENT VINGTIÈME LEÇON

Les monnaies de cuivre sont :
La pièce de 0^{fr},10 qui pèse 10 grammes
— 0^{fr},05 — 5 —
— 0^{fr},02 — 2 —
— 0^{fr},01 — 1 gramme

La monnaie de cuivre se compose de 95 parties de cuivre, 4 d'étain et 1 de zinc.

EXERCICES SUR LES PLANCHETTES

(1) Chercher la valeur totale de toutes les pièces de cuivre.

(2) Chercher le poids total de toutes les pièces de cuivre.

(3) Quel est le poids d'une somme qui se compose de 3 pièces de 5 francs en argent ?

(4) Quel est le poids d'une somme qui se compose de 7 pièces de 2 francs ?

(5) Quel est le poids d'une somme qui se compose de 30 pièces de 5 centimes ?

(6) Quel est le poids d'une somme qui se compose de 10 pièces de 10 centimes ?

(7) Combien y a-t-il de cuivre dans cette somme ?

(8) Combien d'étain y a-t-il dans cette somme ?

(9) Combien de zinc   —   ?

(10) Combien y a-t-il de grammes d'or pur dans la pièce de 20 francs ?

(11) Diviser par 30 les nombres 900, 1200, 1800, 2700.

(12)   —   100   —   45, 615, 3, 7.

(13) Quelle est la valeur d'une somme en bronze qui pèse 950 grammes ?

(14) Quel est le poids d'une somme d'argent qui pèse autant que 70 pièces de $0^{fr},10$?

(15) Une famille dépense 855 francs par an pour sa nourriture, 385 francs pour son logement, 660 francs pour son entretien et place 450 francs. Quel est le gain annuel de cette famille ?

(16) Une citerne a été vidée en remplissant 3 tonneaux ayant les capacités suivantes : $874^l,25$, $79^{Dl},87$ et $9^{Hl},48$. Quelle est la contenance de cette citerne ?

(17) Un marchand achète 9 mètres de drap pour 55 francs. Combien doit-il revendre le mètre pour gagner $14^{fr},50$ sur le tout ?

(18) Que rapporte 1 franc de capital, lorsque 600 fr. produisent 36 francs d'intérêt ?

ET DE GÉOMÉTRIE

CALCUL MENTAL

(1) Quelles pièces de monnaie prendrait-on pour peser 15 grammes ? 20 grammes ? 30 grammes ? etc...

(2) Que vaut l'are de terrain, quand 1 mq. vaut 15 francs ?

(3) Quelle somme en bronze pèse autant qu'un litre d'eau pure ?

(4) Une lettre doit peser 15 grammes. Avec quelles pièces d'argent ou de bronze peut-on faire ce poids ?

(5) La monnaie de bronze contenue dans un sac pèse 1 Kg,200. Quelle est cette somme ?

(6) Combien 17 décimes font-ils de francs ?

(7) Combien y a-t-il de centimes dans 7 francs, dans 9 francs ?

(8) Un cultivateur vend 5 fûts de cidre à raison de 36 francs l'un. Quelle somme doit-il recevoir ?

(9) Combien y a-t-il de dizaines, de centaines, dans 7145 unités ?

(10) A 9 francs les 3 Kg de beurre, que vaut le demi-kilo ?

(11) Quelle est la valeur d'un kilo de monnaie de bronze ?

(12) Combien peut-on faire de paquets de 50 cahiers avec 600 cahiers ?

CENT VINGT ET UNIÈME LEÇON

L'État seul a le droit de fabriquer la monnaie.

L'atelier monétaire, appelé *Hôtel des monnaies*, est situé à Paris.

Il existe aussi des *billets de banque* de 50 francs, de 100 francs, de 200 francs, de 500 francs et de 1000 francs. Il suffit de présenter ces billets à la banque de France pour en recevoir la valeur en *or* ou en *argent*.

Les grandes maisons de banque, quand elles ont à évaluer une somme considérable en argent ou en or, se contentent souvent de la peser, au lieu de la compter pièce à pièce.

D'après ce que nous avons vu précédemment, *un franc* pèse 5 grammes, 2 francs pèsent 10 grammes, 5 francs pèsent 25 grammes, etc.. 100 francs pèsent 500 grammes. 200 francs pèsent 1 kilogramme. De sorte que pour obtenir la valeur en francs d'une somme d'argent qu'on a pesée, il suffit de multiplier par 200 son nombre de kilogrammes.

Pour la même valeur, une somme d'or pèse, comme nous l'avons dit, 15,5 fois moins qu'une somme d'argent. Ou, pour le même poids, elle vaut 15,5 fois plus.

Supposons qu'il s'agisse de résoudre le problème suivant : Quel est le poids d'une somme composée de 1150 francs en argent et 5000 francs en or?

On dirait : 1150 francs en argent pèsent 5 grammes $\times$ 1150 = 5750 grammes = $5^k,750$.

5000 francs en argent pèseraient 5 grammes $\times$ 5000 = 25000 grammes = 25 kilogrammes ; 5000 francs en or pèsent 15,5 fois moins, c'est-à-dire 25 kilos : 15,5 = $1^k,612$.

La somme totale pèse donc $5^k,750 + 1^k,612 = 7^k,362$.

EXERCICES SUR LES PLANCHETTES

(1) Quel est le poids de 13 pièces de 2 francs ?
(2) — 24 — 0 fr. 50 ?
(3) — 10 — 0 fr. 10 ?
(4) — 45 — 0 fr. 05 ?
(5) Quel est le poids de 15 pièces de 50 francs ?
(6) Combien faut-il de pièces de 5 francs en argent pour faire équilibre à un décilitre d'eau pure?
(7) Combien y a-t-il d'argent pur dans la pièce de 2 francs?

(8) Une somme se compose de 7 pièces de 20 francs et de 13 pièces de 2 francs. Quelle est-elle ?

(9) Combien doit-on donner de pièces de 20 francs en échange d'un billet de banque de 1000 francs ?

(10) Combien faut-il de pièces de 5 centimes pour faire 2 francs ?

(11) Combien faut-il de pièces de 50 centimes pour faire 100 francs ?

(12) Une somme se compose d'un billet de 500 francs, de 3 pièces de 50 francs et de 10 pièces de 20 francs. Quelle est-elle ?

(13) Combien faut-il de billets de 50 francs pour payer une somme de 2900 francs ?

(14) Une personne échange contre de la monnaie d'argent un sac de monnaie de bronze pesant 5^{kg},800. Quelle somme d'argent doit-elle recevoir ?

(15) Un employé, qui gagne 8 francs par jour, dépense en moyenne 5 fr. 25. Quelle est son économie mensuelle ?

(16) Un veau, qui avait coûté 55 francs, a donné 54 kilogrammes de viande qu'on a vendus 1 fr. 30 le kilo ; combien a-t-on gagné ?

(17) Un train doit parcourir 180 kilomètres en 7 heures ; pendant les 4 premières il fait 30 kilomètres à l'heure. Combien devra-t-il faire de kilomètres à l'heure dans les 3 dernières heures de marche ?

(18) Un omnibus contient 24 personnes et chacune d'elles a payé 0 fr. 35. Quelle recette a faite le conducteur ?

CALCUL MENTAL

(1) Combien 600 francs valent-ils de billets de cen francs ?

(2) Quels sont les ordres et les classes que contient le nombre 43 564 ?

(3) Combien faut-il d'ordres pour représenter des dizaines de millions ?

(4) Combien y a-t-il de pièces de 1 franc, de 2 francs, de 5 francs, dans 1/2 kilogramme d'argent monnayé ?

(5) Combien pèsent 1000 francs en argent ?

(6) Quel est le poids de 10 francs en argent ? en bronze ?

(7) Une personne possède 3 billets de 500 francs et 3 billets de 50 francs. Combien possède-t-elle ?

(8) Que valent 40 pièces de 5 francs en argent ?

(9) Combien y a-t-il de francs dans 875 pièces d'un décime ?

(10) Je demande 50 crayons, mais on ne peut m'en livrer que 3 douzaines. Combien m'en doit-on encore ?

(11) Un épicier achète 30 pains de sucre à 15 francs l'un. Combien doit-il ?

(12) Le quart de la contenance d'un tonneau est de 25 litres. Quelle est sa contenance entière ?

(13) Quelle est la valeur d'une somme en bronze pesant 250 grammes ?

(14) Combien y a-t-il de pièces de 5 francs dans 120 francs ?

CENT VINGT-DEUXIÈME LEÇON

On appelle *jour* le temps que met la terre à faire un tour sur elle-même. Le jour se divise en 24 *heures*, l'heure en 60 *minutes* et la minute en 60 *secondes*.

On appelle *année* le temps que met la terre à faire un tour ou une *révolution* autour du soleil. Une année vaut environ 365 jours 1/4. L'année peut se diviser en 12 mois, en 2 semestres, en 4 trimestres, ou, à un jour près, en 52 semaines de 7 jours.

Problème I. — *Convertir en heures 3 jours 7 heures.*

Comme il y a 24 heures dans un jour, dans 3 jours il y en a 3 fois plus, ou $24 \times 3 = 72$ heures. Ajoutant à

72 heures les 7 heures qui sont en plus, on a pour résultat 79 heures.

Problème II. — *Convertir en minutes 5 heures 48 minutes.*

Comme il y a 60 minutes dans une heure, dans 5 heures il y en a 5 fois plus ou $60 \times 5 = 300$ minutes. Ajoutant à 300 minutes les 48 minutes en plus, on a pour résultat 348 minutes.

EXERCICES SUR LES PLANCHETTES

(1) Convertir en heures 5 jours.
(2) — — 4 jours 8 heures.
(3) — minutes 7 heures. —
(4) — — 3 heures 45 minutes.
(5) — secondes 49 minutes.
(6) — — 7 minutes 43 secondes.
(7) Quel est le poids de 19 pièces de $0^{fr},20$?
(8) — — 7 pièces de 10 francs ?
(9) 0,75 : 0,09 avec 2 décimales.
(10) 5,872 : 0,13 avec 1 décimale.
(11) Combien faut-il de pièces de 5 centimes pour faire 5 francs ?
(12) Combien faut-il de pièces de 0 fr. 20 pour faire 10 francs ?
(13) Victor Hugo est mort à 83 ans. Combien aurait-il vécu de jours, en comptant toutes les années de 365 jours ?
(14) Combien y a-t-il d'heures dans 28 jours ?
(15) Combien y a-t-il de minutes dans une semaine ?
(16) Un cheval parcourt 420 mètres en 2 minutes : quelle distance parcourt-il en une heure ?
(17) Un laboureur a mis 12 minutes pour tracer un sillon : combien est il resté de minutes pour tracer 325 sillons ? Combien d'heures ?
(18) Lorsque le kilo de bœuf coûte 1 fr. 75, quelle

somme doit-on payer pour un morceau qui pèse 600 grammes?

(19) A 7 fr. 50 le litre de liqueur de la Grande-Chartreuse, combien en aurait-on de litres pour 375 francs?

CALCUL MENTAL

(1) Combien y a-t-il de semaines dans l'année?
(2) Combien y a-t-il de minutes dans 3 heures?
(3) Combien y a-t-il de secondes dans 4 minutes?
(4) Combien y a-t-il de jours dans 7 mois de 30 jours?
(5) Que valent 3 quarts de journée à 4 francs par jour?
(6) A 0 fr. 60 les 12 crayons, que valent 3, 4, 6, 8, 9 crayons?
(7) Si pour 1 fr. 20 on a 4 couteaux, que coûte une douzaine?
(8) A 60 francs l'hectolitre de vin, quel est le prix du litre?
(9) Clovis est monté sur le trône en 481 et il a régné 30 ans : en quelle année est-il mort?
(10) Sur 70 francs qui m'étaient dus, j'ai reçu 48 francs. Combien ai-je encore à toucher?
(11) Que pèsent 15 centimètres cubes d'eau pure?
(12) On donne 3 fois 15 francs pour payer 54 francs; combien redoit-on?
(13) Un soldat a brûlé 110 cartouches en 1 heure. Combien en brûlerait-il s'il tirait ainsi pendant 5 heures?
(14) Un fonctionnaire reçoit 25 francs par mois pour son logement. Combien reçoit-il par trimestre? par an?
(15) Que pèsent 2 mètres cubes d'eau pure?

CENT VINGT-TROISIÈME LEÇON

Les années qui ont 365 jours se nomment années

communes; celles qui en ont 366 se nomment *années bissextiles*. Il y a une année bissextile tous les quatre ans.

Cent années forment un *siècle*.

Les douze mois dans lesquels se divise l'année portent les noms suivants : janvier, février, mars, avril, mai, juin, juillet, août, septembre, octobre, novembre, décembre.

Sur ces 12 mois, 7 ont 31 jours; ce sont les mois suivants : *janvier, mars, mai, juillet, août, octobre* et *décembre*.

4 ont 30 jours, ce sont les mois *d'avril*, de *juin*, de *septembre*, et de *novembre*.

Le mois de *février* n'a que 28 jours dans les années *communes* et 29 dans les années *bissextiles*.

On divise aussi l'année en 4 saisons :

1° Le *printemps*, qui commence le 21 mars ;
2° L'*été*, qui commence le 21 juin ;
3° L'*automne*, qui commence le 21 septembre ;
4° L'*hiver*, qui commence le 21 décembre.

Problème. — *Convertir en heures 4 mois 23 jours 17 heures.* (On supposera les mois de 30 jours.)

En supposant le mois de 30 jours, en 4 mois il y a 4 fois plus de jours, ou $30 \times 4 = 120$ jours. En ajoutant les 23 jours en plus, on a $120 + 23 = 143$ jours. On convertit ces 143 jours en heures en multipliant 24 par 143, ce qui donne 3432 heures. Ajoutant enfin les 17 heures en plus, on obtient 3449 heures.

EXERCICES SUR LES PLANCHETTES

(1) Convertir en jours 11 mois.
(2) — heures 7 mois.
(3) — jours 5 mois 8 jours
(4) — heures 9 mois 20 heures.
(5) — — 1 mois 20 jours 10 heures.

(6) Combien y a-t-il de jours dans 48 heures ?
(7) — — — 72 — ?
(8) — — d'heures dans 420 minutes ?
(9) Exprimer en cmc. 3^{mc} 4^{dmc}.
(10) Quel est le poids en grammes de 7 dl. d'eau pure ?
(11) 0,7 : 0,95 avec 2 décimales.
(12) 0,44 : 0,9 — —
(13) Combien y a-t-il de minutes dans une semaine ?
(14) — — d'heures dans une année bissextile ?
(15) Combien y a-t-il de secondes dans un jour ?
(16) Une personne achète 12 mètres de soie à 7 fr. 25 le mètre. Combien doit-elle ?
(17) Une domestique gagne 0 fr. 95 par jour. Combien gagne-t-elle par mois et par an ?
(18) Un train de plaisir contient 780 voyageurs qui ont payé en moyenne 47 fr. 5 chacun. Quelle est la somme produite par ce train ?
(19) Un maquignon achète des chevaux pour 6480 francs. En les revendant 6900 francs, il gagne 35 francs par tête. Combien a-t-il acheté de chevaux ?

CALCUL MENTAL

(1) Marcel et Henri jouent aux quilles : Marcel en abat 5 d'un coup et il en reste 7 debout. Combien y a-t-il de quilles en tout dans le jeu ?
(2) Que valent 2 douzaines de chemises à 5 francs l'une ?
(3) Un employé touche 1200 francs par semestre ; que gagne-t-il par an ?
(4) On vend 60 francs ce que l'on a acheté 50 francs : que gagne-t-on sur un achat de 200 francs ?
(5) Une source donne 5 litres d'eau en 2 minutes ; combien donne-t-elle de litres à l'heure ?
(6) Que me reste-t-il d'une pièce de 5 francs après

avoir payé 2 fr. 25 au boucher et 1 fr. 50 au boulanger ?

(7) Combien y a-t-il d'heures entre 4 heures du soir et minuit?

(8) Combien de minutes dans le même temps?

(9) Quels sont les nombres qui représentent la moitié, le quart, le cinquième d'une centaine ?

(10) Quels sont les produits de 30, 40, 50, 60 par 4, puis par 5?

(11) Quel est le treizième de 26? 52? 65? 39?

(12) Quel est le nombre dont le quart égale 15?

(13) Ceux de vous qui ont 8 ans, en quelle année auront-ils 20 ans?

CENT VINGT-QUATRIÈME LEÇON

On appelle *solide, volume,* ou *corps,* tout ce qui réunit les trois dimensions : *longueur, largeur, épaisseur* ou *hauteur.* Ainsi un livre, une ardoise, une pierre, etc., sont des volumes.

Une feuille de papier est aussi un *volume;* seulement son épaisseur est très faible. Si l'on ne considère qu'un des côtés de la feuille de papier, ce n'est plus un *volume,* c'est une *surface.* Il en est de même d'une ardoise ou d'un tableau dont on ne considère que la face sur laquelle on écrit. Cette *face* est une *surface,* tandis que l'ardoise et le tableau pris dans leur entier sont des *volumes.*

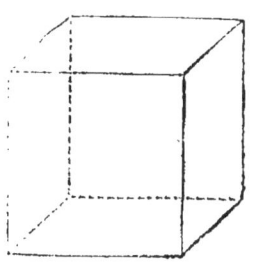

Le *cube,* dont nous avons déjà parlé dans l'étude du système métrique, est un volume compris sous six faces qui sont des carrés égaux.

EXERCICES SUR LES PLANCHETTES

(1) La surface totale d'un cube est de 6^{mq}; quelle est la surface de l'une de ses faces?

(2) Quel est le volume de ce cube?

(3) La surface de l'une des faces d'un cube est de 1^{dmq}; quelle est la surface totale?

(4) Quel est le volume de ce cube?

(5) Le fond d'une boîte est d'un dmq., sa hauteur est de 5 centimètres; combien pourrait-on mettre de cmc. dans cette boîte?

(6) Combien cette boîte contiendra-t-elle de dl.?

(7) Exprimer en mmc., 5 dmc.

(8) Exprimer en mmc 4^{dmc} 18^{cmc}.

(9) $7,508 \times 0,48$.

(10) De 4,7 retrancher 0,8 : 0,4.

(11) Quelle somme doit recevoir un propriétaire qui a vendu au prix de 2^{fr},25 le mètre carré un terrain de 9 ares, 45?

(12) Quelqu'un a acheté 3400 assiettes pour 690 francs; Il les revend à 25 francs le cent. Quel sera son bénéfice?

(13) Si un litre d'huile d'olive pèse 915 grammes, combien pèsent 75 centilitres?

(14) Un marchand achète 550 doubles-décalitres de blé à 2^{fr},15 le décalitre et revend ce blé 23 francs l'hectolitre. Combien gagne-t-il sur ce marché?

(15) Un buraliste achète 6 kilos de tabac pour 72 francs; il gagne 0^{fr},25 par demi-kilo; combien vend-il les 6 kilos de tabac?

(16) On achète une machine à coudre 276 francs et on s'engage à la payer en 12 payements égaux de mois en mois. Quel sera le payement mensuel?

CALCUL MENTAL

(1) Quel est le produit de 18 par 5?

(2) Combien 6 francs font-ils de centimes?

ET DE GÉOMÉTRIE 247

(3) Combien y a-t-il de décimes dans 67 francs?
(4) Combien 2 mètres plus 3 mètres font-ils de décimètres?
(5) Combien y a-t-il de mètres dans 14 décimètres?
(6) De combien la somme 70^{fr},20 surpasse-t-elle 65 francs?
(7) Que manque-t-il à 24^{fr},75 pour faire 32 francs?
(8) Combien font 60 fois 8 mètres? 80 fois 7 litres?
(9) Combien valent 100 hectolitres de vin à 92^{fr},50 l'hectolitre?
(10) A 7^{fr},65 le mètre de drap, combien valent 10 mètres?
(11) A 3^{fr},50 le mètre de toile, combien valent 50 mètres?
(12) Quel est le quotient de 3^{mc},6 par 4?
(13) Combien y a-t-il de décimètres cubes dans le quart d'un mètre cube?
(14) Combien y a-t-il de mètres carrés dans 3 ares?

CENT VINGT-CINQUIÈME LEÇON

On appelle *parallélipipède* un solide compris sous six faces qui sont des parallélogrammes, des rectangles ou des carrés.

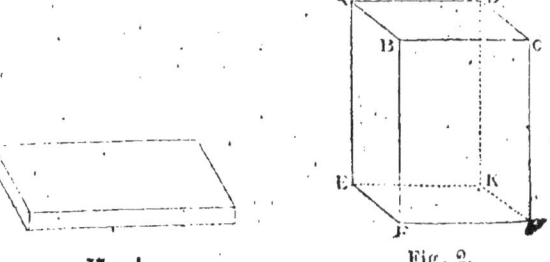

Fig. 1.   Fig. 2.

Une règle, un livre, une boîte de craie, le tableau noir sont des parallélipipèdes.

Un cube est un parallélipipède compris sous six faces carrées.

Dans un parallélipipède ordinaire, les faces sont pareilles deux à deux seulement ; dans le cube les six faces sont pareilles.

Les figures 1 et 2 représentent des parallélipipèdes.

Dans la figure 2, les *faces latérales* sont les rectangles AEFB, BFHC, CHKD et DKEA.

Le rectangle ABCD est la *base supérieure*.

Le rectangle EFHK est la *base inférieure*.

EXERCICES SUR LES PLANCHETTES

(1) Dessiner un parallélipipède.

(2) Nommer les bases.

(3) Nommer les faces latérales.

(4) Quel nom donne-t-on au parallélipipède dans lequel toutes les faces sont des carrés ?

(5) Combien pourrait-on mettre de dmc. dans un parallélipipède ayant pour base 1 mq, sa hauteur étant d'un demi-mètre ?

(6) Combien en pourrait-on mettre si la hauteur était de 2 mètres ?

(7) Quel serait le poids d'eau que pourrait contenir ce dernier parallélipipède ?

(8) Quel est le poids d'un millimètre cube d'eau pure ?

(9) Diviser par 25 le nombre 37 000.

(10) De 57,04 retrancher 0,27 : 0,03.

(11) Un négociant achète 350 quintaux de sucre à 0^{fr},98 le kilo. Combien doit-il ?

(12) Une personne a 1825 francs de revenu annuel. Quel est son revenu journalier ?

(13) On a donné une gratification de 0^{fr},85 à chaque soldat d'un bataillon composé de 847 hommes ; quelle somme a-t-on distribuée ?

(14) Si l'on dépense 28^{fr},50 pour payer un fût de bière de 95 litres, quel est le prix d'un litre de bière ?

(15) Une personne achète un bois qu'elle paye avec le

produit de 35 obligations vendues 385 francs chacune. Quelle est la valeur de ce bois?

(16) Un tailleur achète une pièce de drap de 26 mètres à 9^{fr},50 le mètre et une pièce de mérinos de 18^m,25 à 3 francs le mètre. Combien doit-il ?

CALCUL MENTAL

(1) Combien y a-t-il d'ares dans 600 mètres carrés ?
(2) Combien y a-t-il de grammes dans 10 décigrammes ?
(3) Combien y a-t-il de centilitres dans 36 litres ?
(4) Combien y a-t-il de francs dans 325 centimes ?
(5) Combien font 3^{fr},40 et 5^{fr},40 ? 7^{fr},40 et 9^{fr},60 ?
(6) De combien une longueur de 18^m,75 surpasse-t-elle 15 mètres ?
(7) Combien font 3 fois 7, si l'on ajoute 105 au produit ?
(8) Combien font 400 fois 800 ? 300 fois 50 mètres ?
(9) Combien font 6 fois 9 francs plus 2 francs ? 7 fois 10^l moins 12^l ?
(10) A 3^{fr},50 le litre d'eau-de-vie, combien valent 200 litres ?
(11) A 0^{fr},75 le litre de vin, combien vaut un hectolitre ?
(12) Pierre a 18 marrons ; il en garde 4 pour lui et veut partager le reste entre 7 camarades : combien doit-il en donner à chacun ?
(13) Combien le dixième du mètre cube vaut-il de litres ?
(14) Combien y a-t-il de décilitres dans un centième de mètre cube ?

CENT VINGT-SIXIÈME LEÇON

Le prisme est un solide dont les deux bases sont des

polygones égaux et dont les faces latérales sont des rectangles.

Le parallélipipède est un prisme particulier dont les bases sont des rectangles ou des parallélogrammes.

Le cube est aussi un prisme particulier dont les bases sont des carrés.

La figure ci-jointe représente un prisme dont les bases ABCDE et A'B'C'D'E' sont des polygones égaux de cinq côtés et les faces latérales ABA'B', BCB'C', CDC'D', DED'E' et EAE'A', au nombre de cinq, sont des rectangles.

EXERCICES SUR LES PLANCHETTES

(1) Dessiner un prisme ayant pour base un polygone de 5 côtés.

(2) Nommer ses bases.

(3) Nommer ses faces latérales.

(4) Quel nom donne-t-on au prisme, si sa base est un rectangle?

(5) Quel volume représente une caisse?

(6) Combien un dixième de mètre carré vaut-il de dmq?

(7) — centième —

(8) Prendre le onzième de 220, de 330, de 880.

(9) 0,78 : 0,045 avec 2 décimales.

(10) 5,748 + 109 + 0,079 + 8,007.

(11) Un chef d'atelier occupe 42 ouvriers, à chacun desquels il donne 4^{fr},75 par jour. Quelle somme doit-il leur payer chaque semaine ?

(12) Un ouvrier reçoit 15 francs pour 3 journées de travail. Que gagne-t-il en une année de 300 jours de travail ?

(13) Une personne sort avec un billet de 500 francs pour payer ses dettes. Elle paye successivement 154^{fr},75, puis 18^{fr},20, puis 92^{fr},50, puis 132^{fr},45. Combien lui reste-t-il ?

(14) Si j'avais 80 francs de plus que je n'ai, je pour-

rais acheter un bois valant 1250 francs et il me resterait 23 francs. Combien ai-je ?

(15) Un entrepreneur qui occupe 45 ouvriers, leur paye 810 francs par semaine pour 6 jours de travail. Combien chaque ouvrier gagne-t-il par jour ?

(16) Un maître a 3 ouvriers ; le 1er gagne 4^{fr},75 par jour, le 2me 4^{fr},25 et le 3e 3 ,50. Quelle somme doit-il débourser pour leur payer 28 journées de travail ?

CALCUL MENTAL

(1) Quel est le prix de 4 mètres à 1^{fr},50 l'un ? de 3^{l} à 0^{fr},75 le litre ?

(2) Combien font dix fois 45^{fr},80 ?, 7 fois 2^{m},50 ?

(3) Que payera-t-on pour 6 journées de travail à 4^{fr},25 la journée ?

(4) Que payera-t-on pour 5^{l} de lait à 0^{fr},40 le litre ?

(5) A 7 francs le mètre de drap, combien valent 2 décamètres ?

(6) Quel est le prix d'une journée de travail, si l'on paye 64 francs pour 16 journées ?

(7) Si 3 litres de vin valent 2^{fr},40, quel est le prix du litre ?

(8) Joseph a 13 ans ; quel âge aura-t-il dans 29 ans ?

(9) Victor a reçu 20 francs de son père, 5^{fr},50 de sa mère et 3 francs de sa sœur. Combien a-t-il reçu en tout ?

(10) Combien de verres contenait un panier, si après en avoir pris 12, il en reste 36 ?

(11) Combien valent 50 volumes à 1^{fr},50 l'un ?

(12) Un robinet donne 112^{l} d'eau en 4 heures ; que donne-t-il en 1 heure ?

(13) Cinq paires de chaussures coûtent 65 francs ; quel est le prix de chaque paire ?

(14) Un fagot de bois valant 0^{fr},30, combien vaut un cent de fagots ?

CENT VINGT-SEPTIÈME LEÇON

La *pyramide* est un solide terminé en pointe, dont la base est un polygone et dont les faces latérales sont des triangles.

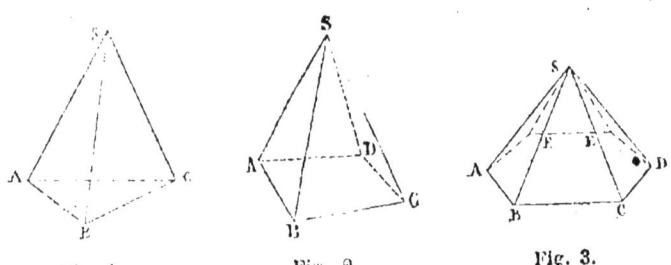

Fig. 1.   Fig. 2.   Fig. 3.

La figure 1 représente une pyramide dont la base ABC est un triangle. Le point S est le sommet; les faces latérales sont les 3 triangles SAB, SBC, SAC.

La figure 2 représente une pyramide dont la base ABCD est un quadrilatère. Le point S est le sommet; les faces latérales sont les 4 triangles SAB, SBC, SDC, SDA.

La figure 3 représente une pyramide dont la base ABCDEF est un polygone de 6 côtés. Il y a 6 faces latérales qui ont toutes pour sommet commun le sommet S de la pyramide.

EXERCICES SUR LES PLANCHETTES

(1) Dessiner une pyramide ayant pour base un triangle.
(2) Nommer les faces latérales.
(3) Dessiner une pyramide ayant pour base un quadrilatère.
(4) Nommer les faces latérales.
(5) Dessiner un rectangle et tracer une diagonale.
(6) De quelle manière a-t-on décomposé le rectangle ?
(7) Dessiner un carré et tracer une diagonale.

(8) De quelle manière a-t-on décomposé le carré ?
(9) 7,58 : 0,91 avec 2 décimales.
(10) 57 800 : 890 avec 1 décimale.
(11) Un marchand paye 63 600 francs pour du bois qu'il a acheté au prix de 16 francs le stère. Quelle quantité doit-on lui livrer ?
(12) Un employé, qui dépense annuellement 2545 fr., a économisé 7350 francs en 10 ans. Quels sont les appointements mensuels de cet employé ?
(13) Un cultivateur qui doit 1200 francs donne en paiement 55 hectolitres de blé à 21 francs l'hectolitre. Combien redoit-il ?
(14) Un voyageur fait 84 kilomètres par jour ; en combien de jours fera-t-il 546 myriamètres ?
(15) Que gagne-t-on en revendant 6 francs l'hectogramme 6400 grammes de marchandises qui ont coûté 350 francs ?
(16) Un ouvrier qui a travaillé pendant 14 jours et 7 heures par jour a touché 83^f,30. Combien gagnait-il par heure ?
(17) Une roue fait 9840 tours en une heure. Combien en fait-elle en 1 heure et demie ?

CALCUL MENTAL

(1) Quel est le quotient de 72 par 6 ?
(2) Quel reste obtient-on en divisant 41 par 9 ?
(3) — 34 par 9 ?
(4) Combien font 500 fois 6 mètres ? 100 fois 0^m,45 ?
(5) Si un mètre d'étoffe coûte 4 francs, combien de mètres aura-t-on avec 16 francs, 24 francs, 36 francs, 60 francs, 120 francs ?
(6) Quel est le cinquième de 45 ? le quart de 44 ?
(7) Georges est né en 1887 ; en quelle année aura-t-il 21 ans ?
(8) J'ai payé une dette de 109 francs et il me reste 10^f,50. Combien avais-je ?

(9) Combien y a-t-il de litres de vin dans 3 fûts de chacun 215 litres ?

(10) Combien faut-il revendre une glace qui a coûté 51 francs pour gagner 15 francs ?

(11) Combien gagne-t-on sur un bœuf qui a coûté 310 francs et qu'on a revendu 420 francs ?

(12) La somme de 2 nombres est 56 et l'un de ces nombres est 25 ; quel est l'autre ?

(13) Un ouvrier reçoit 65 francs pour 13 journées de travail. Quel est son gain journalier ?

(14) Combien 15 siècles valent-ils d'années ?

(15) Combien 12 semaines valent-elles de jours ?

CENT VINGT-HUITIÈME LEÇON

On appelle *corps ronds* des solides terminés par des surfaces courbes. Il y a trois corps ronds : le *cylindre*, le *cône* et la *sphère*.

Le *cylindre* est un solide dont les bases sont deux cercles égaux et parallèles. Une bougie, un tuyau de poêle, une pièce de monnaie sont des cylindres.

La figure ci-jointe représente un cylindre.

La ligne OA est le *rayon* du cylindre. La ligne AB s'appelle *arête* ; c'est aussi la *hauteur* du cylindre.

EXERCICES SUR LES PLANCHETTES

(1) Dessiner un cylindre dont le diamètre soit la moitié de la hauteur.

(2) Dessiner un cylindre dont le diamètre soit égal à la hauteur.

(3) Dessiner un triangle rectangle isocèle.

(4) Sur l'hypoténuse de ce triangle, dessiner un

autre triangle rectangle isocèle de même grandeur que le premier.

(5) Comment s'appelle la figure totale ?
(6) Dessiner un losange.
(7) Tracer les diagonales du losange.
(8) Comment se coupent-elles ?
(9) Comment appelle-t-on les 2 triangles obtenus à l'aide d'une seule diagonale ?
(10) Comment appelle-t-on les 4 triangles obtenus à l'aide des 2 diagonales ?
(11) 5,081 : 0,92 avec 2 décimales.
(12) Combien de blouses pourra-t-on faire avec $13^m,65$ d'étoffe, si l'on emploie $1^m,95$ pour une blouse ?
(13) On achète $19^m,25$ de drap pour 231 francs. A combien revient le décimètre de ce drap ?
(14) Un ouvrier, qui travaille 305 jours chaque année, gagne 7 francs par jour de travail et dépense en moyenne $5^{fr},50$ par jour. Quelles sont ses économies annuelles ?
(15) Un cultivateur vend 50 hectolitres de blé à $22^{fr},50$ l'hectolitre et achète 12 hectolitres de vin à $45^{fr},25$ l'hectolitre. Combien lui reste-t-il ?
(16) Un père donne 3600 francs à chacun de ses trois fils et 400 francs de plus à chacune de ses deux filles. Quelle somme distribue-t-il ainsi et quelle eût été la part de chaque enfant s'ils eussent reçu la même somme ?
(17) On donne $4^l,25$ d'avoine par jour à un cheval; en continuant la même ration, combien dureraient $225^l,25$?

CALCUL MENTAL

(1) J'avais $3^{fr},85$ dans mon porte-monnaie avant d'acheter un canif de $1^{fr},75$; combien me reste-t-il ?
(2) Jean a été chargé d'aller acheter pour $2^{fr},50$ de bougies avec une pièce de 20 francs. Combien doit-il rapporter à la maison ?

(3) J'ai payé 54 francs une table à toilette que j'ai revendue 69 francs. Quel a été mon bénéfice?

(4) Un voyage qui a duré 19 jours s'est terminé le 28 du mois. A quelle date avait-il commencé?

(5) André reçoit 17^{fr},60 d'étrennes; combien place-t-il à la caisse d'épargne s'il ne garde que 8^{fr},60?

(6) Quelle est la somme en argent qui pèse 2 kilos?

(7) Un domestique reçoit 135 francs pour un trimestre. Que gagne-t-il par mois?

(8) Que reste-t-il de 15 francs après avoir payé 5 douzaines d'œufs à 0^{fr},80 la douzaine?

(9) Quelle somme faut-il ajouter à 65 francs pour obtenir 100 francs?

(10) Combien y a-t-il de doubles-litres dans un hectolitre?

(11) Que doit-on payer pour 18 grammaires à 1^{fr},50 l'une?

(12) Quel est le prix de 4 douzaines de couteaux de table à 18 francs la douzaine?

CENT VINGT-NEUVIÈME LEÇON

Le *cône* est un solide dont la base est un cercle et le sommet un point.

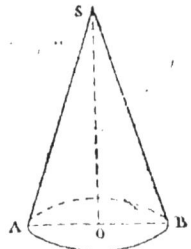

Un pain de sucre, un éteignoir, un cornet de papier ont la forme d'un cône.

La figure ci-jointe SAB représente un cône. La ligne AB est le *diamètre;* AO ou OB est le *rayon*.

La ligne SO est la *hauteur;* la ligne SA s'appelle *arête* ou *côté* du cône.

EXERCICES SUR LES PLANCHETTES

(1) Dessiner un cône.

(2) Nommer son rayon.
(3) — son diamètre.
(4) — sa hauteur.
(5) — son arête ou son côté.
(6) Dessiner un parallélogramme.
(7) Dessiner un rectangle ayant 1 dm. de base et une hauteur double.
(8) Combien ce rectangle contient-il de dmq ?
(9) 45,007 : 0,12 avec 2 décimales.
(10) 15,009 × 3,07.
(11) Marie veut acheter 9 mètres d'étoffe à 3 francs le mètre ; mais elle n'a que 25^{fr},75. Combien lui manque-t-il ?
(12) Un jeune homme, qui gagne 28^{fr},25 par semaine, place chaque dimanche 3 francs à la caisse d'épargne. Combien gagne-t-il par an et combien met-il par an à la caisse d'épargne ?
(13) Si un mètre carré de terrain vaut 3^{fr},75 combien aura-t-on de mètres carrés pour 180 francs ?
(14) Un marchand a vendu d'abord 75^m,45 d'étoffe pour 104^{fr},50, puis 84^m,60 pour 215 francs, puis 269 mètres pour 846^{fr},50. Combien a-t-il vendu de mètres et pour quelle somme ?
(15) Deux marchands font un échange : le premier donne 45 bouteilles de vin à 3 francs la bouteille et le deuxième 15 bouteilles de liqueur, avec 75 francs de retour. A quel prix revient la bouteille de liqueur ?
(16) En revendant 78 mètres d'étoffe 424^{fr},80, un marchand gagne 54^{fr},30. Combien le mètre lui avait-il coûté ?

CALCUL MENTAL

(1) Louise reçoit 1 franc de sa mère et dépense 0^{fr},65. Que lui reste-t-il ?
(2) J'achète pour 12^{fr},75 et il me reste 5^{fr},25. Combien avais-je ?
(3) Léon a déjà 74 francs à la caisse d'épargne ; combien lui manque-t-il pour avoir 100 francs ?

(4) Paul a 42 francs de moins que sa sœur qui possède 83 francs. Quel est l'avoir de Paul ?

(5) On fait sortir 25 élèves d'une classe qui en contient 43 ; combien en reste-t-il ?

(6) Je dois 70 francs d'impôts : si je donne 17 francs au premier trimestre et 18 francs au deuxième, combien me reste-il à payer ?

(7) Quel est le poids de 1^{lit},148 d'eau pure ?

(8) Combien y a-t-il de trimestres dans un siècle ?

(9) Combien font 85 plus la moitié de 70 ?

(10) Une denrée vaut 0^{fr},75 les 250 grammes. Combien coûte le kilogramme ?

(11) Une boîte de plumes coûte 0^{fr},85 ; combien coûteront 10 boîtes ? 100 boîtes ?

(12) Si 100 pommes ont coûté 2 francs, quel est le prix d'une pomme ?

CENT TRENTIÈME LEÇON

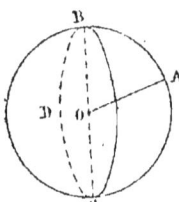

La *sphère* est un solide terminé de toutes parts par une surface courbe dont tous les points sont à égale distance d'un point intérieur appelé *centre*.

Une bille, une orange, un globe, un ballon, la terre, la lune ont la forme d'une sphère.

La figure ci-jointe représente une sphère.

Le point O est le *centre*, la ligne OA est un *rayon*, la ligne BC est un *diamètre :* elle a une longueur double du rayon.

Un grand cercle tel que BDC est un *méridien*.

EXERCICES SUR LES PLANCHETTES

(1) Dessiner une sphère ; marquer le centre.

(2) Tracer un méridien.

(3) Dessiner un prisme ayant pour base un triangle.
(4) Dessiner une pyramide ayant pour base un polygone de 5 côtés.
(5) Dessiner un carré dans un cercle.
(6) Dessiner un trapèze.
(7) — triangle isocèle.
(8) — triangle équilatéral.
(9) $5,079 \times 298 - 1015,42$.
(10) $0,758 : 0,047$ avec 1 décimale.
(11) Un ouvrier qui gagne $6^{fr},50$ par jour a touché 78 francs. Combien de jours a-t-il travaillé ?
(12) Le dividende d'une division est 40,88 et le diviseur 1,75. Quel est le quotient ?
(13) Combien peut-on avoir de stères de bois à $16^{fr},50$ le stère pour $136^{fr},95$?
(14) La construction d'un mur de 845 mètres est estimée 3295 francs ; il y en a 436 de construits. Combien reste-t-il de mètres à construire et quelle sera la dépense de ce reste ?
(15) Deux négociants ont fait un fonds de commerce s'élevant à 7500 francs. Le premier verse 1000 francs de plus que le deuxième. Quelle est la mise de chacun ?
(16) Combien de litres pourrait-on remplir avec le contenu de 138 bouteilles de $0^l,65$ chacune ?

CALCUL MENTAL

(1) Une personne vend 3 parapluies à $9^{fr},20$ l'un. Combien lui doit-on ?
(2) Un cheval a coûté 650 francs ; combien faut-il le revendre pour gagner 75 francs ?
(3) Une dame sort avec 5 francs ; elle achète chez divers fournisseurs pour $3^{fr},85$: combien lui reste-t-il ?
(4) J'ai perdu $11^{fr},50$ sur 20 francs ; que me reste-t-il ?
(5) Que manque-t-il à $10^{fr},75$ pour faire 29 francs ?
(6) Un élève a $8^{fr},35$ à la caisse d'épargne. Combien lui manque-t-il pour avoir 10 francs ?

(7) Quels sont les nombres pairs compris entre 112 et 140 ?

(8) Quels sont les nombres impairs compris entre 130 et 150 ?

(9) Quel est le poids de $0^l,85$ d'eau pure ?

(10) Combien font le quart plus la moitié de 48 ?

(11) Je devais 80 francs ; j'ai déjà donné 5 pièces de 5 francs. Que dois-je encore ?

(12) Combien y a-t-il d'heures dans une semaine ?

TABLE DES MATIÈRES

			Pages.
1re Leçon.	Définition et représentation des nombres		1
2e	—	Formation des nombres	2
3e	—	Numération des nombres entiers	4
4e	—	Numération (suite)	5
5e	—	Numération (suite)	7
6e	—	Numération (suite)	9
7e	—	Numération (suite)	11
8e	—	Numération (suite)	13
9e	—	Numération (suite)	15
10e	—	Numération (suite)	17
11e	—	Numération (suite)	19
12e	—	Numération (suite)	20
13e	—	Numération (suite)	22
14e	—	Numération (suite)	24
15e	—	Numération (suite)	26
16e	—	Numération (suite)	28
17e	—	Numération (suite)	30
18e	—	Numération (suite)	32
19e	—	Numération (suite)	34
20e	—	Règle pour lire un nombre	36
21e	—	Ordres et classes. — Règle pour écrire un nombre	38
22e	—	Unités décimales	40
23e	—	Unités décimales (suite)	42
24e	—	Unités décimales (suite)	44
25e	—	Fractions décimales et nombres décimaux	46
26e	—	Règle pour lire un nombre décimal	48
27e	—	Règle pour écrire un nombre décimal	50
28e	—	Addition. — Définition	52

TABLE DES MATIÈRES

Leçon			Pages
29ᵉ Leçon.	Addition des nombres entiers............................		54
30ᵉ —	Addition des nombres entiers (suite).....................		56
31ᵉ —	Addition des nombres décimaux..........................		57
32ᵉ —	Preuve de l'addition...................................		59
33ᵉ —	Système métrique. — Unités diverses.....................		61
34ᵉ —	Unités de longueur. — Mètre............................		63
35ᵉ —	Multiples et sous-multiples des unités du système métrique..		65
36ᵉ —	Multiples et sous-multiples du mètre.....................		67
37ᵉ —	Tableau des mesures de longueur........................		69
38ᵉ —	Nombres pairs et nombres impairs.......................		71
39ᵉ —	Soustraction. — Définition.............................		73
40ᵉ —	Soustraction des nombres entiers........................		75
41ᵉ —	Soustraction (suite)...................................		77
42ᵉ —	Soustraction des nombres décimaux......................		79
43ᵉ —	Soustraction des nombres décimaux (suite)................		81
44ᵉ —	Preuve de la soustraction..............................		83
45ᵉ —	Géométrie. — Ligne droite.............................		85
46ᵉ —	Ligne brisée et ligne courbe............................		87
47ᵉ —	Horizontale. — Verticale. — Fil à plomb.................		89
48ᵉ —	Lignes parallèles......................................		91
49ᵉ —	Angles. — Angle droit. — Carré........................		93
50ᵉ —	Mesures de surface. — Mètre carré et ses sous-multiples..		95
51ᵉ —	Multiples du mètre carré...............................		98
52ᵉ —	Les unités de surface vont de cent en cent.................		100
53ᵉ —	Tableau des mesures de surface.........................		102
54ᵉ —	Lire et écrire un nombre exprimant une surface............		104
55ᵉ —	Changement d'unité de surface..........................		106
56ᵉ —	Mesures agraires. — Are. — Multiples et sous-multiples.		108
57ᵉ —	Tableau des mesures agraires...........................		110
58ᵉ —	Multiplication. — Définition et signe....................		112
59ᵉ —	Multiplication (suite)..................................		114
60ᵉ —	Multiplication (suite)..................................		117
61ᵉ —	Rendre un nombre entier 10, 100, 1000 fois plus grand...		119
62ᵉ —	Multiplication (suite)..................................		120
63ᵉ —	Multiplication (suite)..................................		122
64ᵉ —	Multiplication (suite)..................................		124
65ᵉ —	Multiplication (suite)..................................		126
66ᵉ —	Multiplication des nombres décimaux....................		128
67ᵉ —	Rendre un nombre décimal 10, 100, 1000 fois plus grand ou plus petit....................................		130
68ᵉ —	Preuve de la multiplication.............................		132
69ᵉ —	Perpendiculaires et obliques............................		134
70ᵉ —	Triangles...		136
71ᵉ —	Triangles (suite)......................................		138
72ᵉ —	Circonférence. — Rayon. — Diamètre...................		140
73ᵉ —	Arc. — Corde. — Tangente. — Division de la circonférence...		142
74ᵉ —	Cube...		144
75ᵉ —	Mesures de volume. — Mètre cube et ses sous-multiples		146

TABLE DES MATIÈRES

			Pages.
76ᵉ	Leçon.	Les unités de volume vont de mille en mille...........	148
77ᵉ	—	Tableau des mesures de volume......................	150
78ᵉ	—	Lire un nombre exprimant un volume................	152
79ᵉ	—	Mesures pour le bois de chauffage...................	154
80ᵉ	—	Mesures de capacité. — Litre. — Multiples et sous-multiples...	156
81ᵉ	—	Tableau des mesures de capacité.....................	158
82ᵉ	—	Écriture et lecture des nombres qui représentent des capacités...	160
83ᵉ	—	Mesures effectives de contenance....................	162
84ᵉ	—	Quadrilatère. — Carré et ses diagonales.............	164
85ᵉ	—	Rectangle...	166
86ᵉ	—	Parallélogramme....................................	168
87ᵉ	—	Losange...	171
88ᵉ	—	Trapèze. — Polygone...............................	173
89ᵉ	—	Mesures de poids. — Gramme.......................	175
90ᵉ	—	Multiples et sous-multiples du gramme..............	177
91ᵉ	—	Poids effectifs......................................	179
92ᵉ	—	Poids effectifs (suite)..............................	182
93ᵉ	—	Poids effectifs (suite)..............................	184
94ᵉ	—	Tableau des mesures de poids.......................	186
95ᵉ	—	Balances..	188
96ᵉ	—	Division. — Définition..............................	190
97ᵉ	—	Division (suite)....................................	192
98ᵉ	—	Division (suite)....................................	194
99ᵉ	—	Division (suite)....................................	197
100ᵉ	—	Division (suite)....................................	198
101ᵉ	—	Division (suite)....................................	200
102ᵉ	—	Division (suite)....................................	202
103ᵉ	—	Division (suite)....................................	204
104ᵉ	—	Reste d'une division................................	205
105ᵉ	—	Division (suite)....................................	207
106ᵉ	—	Quotient évalué en décimales.......................	209
107ᵉ	—	Même sujet (suite).................................	211
108ᵉ	—	Principe sur la division.............................	213
109ᵉ	—	Division d'un nombre décimal par un nombre entier..	215
110ᵉ	—	Division d'une fraction décimale par un nombre entier.	217
111ᵉ	—	Division d'un nombre entier par un nombre décimal..	219
112ᵉ	—	Division d'un nombre entier par une fraction décimale.	221
113ᵉ	—	Division des nombres décimaux.....................	223
114ᵉ	—	Même sujet (suite).................................	224
115ᵉ	—	Division par 10, 100, 1000, etc., d'un nombre entier et d'un nombre décimal.................................	226
116ᵉ	—	Preuve de la division...............................	228
117ᵉ	—	Unités de monnaies. — Franc. — Monnaies d'argent.	230
118ᵉ	—	Monnaies d'argent (suite)...........................	231
119ᵉ	—	Monnaies d'or......................................	233
120ᵉ	—	Monnaies de cuivre.................................	235
121ᵉ	—	Monnaies (suite et fin).............................	237
122ᵉ	—	Mesures de temps. — Jour. — Année, etc...........	240
123ᵉ	—	Années et saisons...................................	242
124ᵉ	—	Solides ou volumes.................................	245

TABLE DES MATIÈRES.

			Pages.
125ᵉ Leçon.	Parallélipipède		247
126ᵉ	—	Prisme	249
127ᵉ	—	Pyramide	252
128ᵉ	—	Corps ronds. — Cylindre	254
129ᵉ	—	Cône	256
130ᵉ	—	Sphère	258

FIN DE LA TABLE DES MATIÈRES.

Imprimeries réunies, **B**, rue Mignon, 2.

A LA MÊME LIBRAIRIE

COURRIER DES EXAMENS

COMPTE RENDU DES DIVERS EXAMENS	DE L'ENSEIGNEMENT PRIMAIRE PARAISSANT PRESQUE TOUS LES JOURS PENDANT LES SESSIONS Et donnant un Supplément tous les Samedis.	RENSEIGNEMENTS CONSEILS POUR LA PRÉPARATION

Brevet élémentaire	Brevet supérieur
Certificat d'aptitude pédagogique	Certificat d'aptitude à la direction
Certificats d'études primaires	des Écoles maternelles

Certificat d'études commerciales. — Certificats pour l'enseignement du chant, du dessin, de la gymnastique. — Certificat de coupe et assemblage. — Concours pour les Écoles normales. — Examens du professorat des Écoles normales, du Certificat d'aptitude aux fonctions d'Inspecteur primaire, etc., etc.

ABONNEMENTS

	PARIS et Départements.	UNION postale.
BREVET ÉLÉMENTAIRE, une session (25 numéros en moyenne)........	3 fr.	3 fr. 75
BREVET SUPÉRIEUR, une session (20 numéros en moyenne)	2 fr. 50	3 fr. »
Supplément du samedi, PRÉPARATION AUX EXAMENS (52 numéros).... { Un an....	5 fr.	6 fr. 50
Six mois...	3 fr. »	3 fr. 75
Abonnement complet, sessions et supplément réunis............ { Un an....	12 fr. »	15 fr. »

Les abonnements partent du 1er janvier et du 1er juillet pour le supplément et pour l'ensemble.

ON S'ABONNE EN TOUT TEMPS POUR LES SESSIONS

MUSÉE INDUSTRIEL SCOLAIRE
CONTENANT EN DOUZE TABLEAUX
TOUS LES PRODUITS DE L'INDUSTRIE FRANÇAISE
Par C. DORANGEON

75 industries représentées.	**Prix : 60 fr.**	Plus de douze cents échantillons.

Chaque tableau séparément......................... **7 fr. 50**
Caisse, fermant au moyen d'un couvercle à charnières, et servant à serrer les tableaux.......... **8 fr.** »

DIVISION DU MUSÉE SCOLAIRE

Alimentation : 3 tableaux. — 1er Graines, farines et pâtes alimentaires. — 2e Légumes secs et épices. — 3e Boissons.
Vêtement : 5 tableaux. — 1er Le lin et le chanvre. — 2e Le coton et le jute. — 3o La laine et la soie. — 4e Le cuir et les peaux. — 5e La teinture et le nettoyage.
Habitation : 3 tableaux. — 1er Construction (les pierres et les bois). — 2o Construction (les différents métaux). — 3e Chauffage et éclairage.
Besoins intellectuels : 1 tableau. — Fabrication du papier, des crayons, des plumes, de l'encre, imprimerie, reliure, etc., etc.

www.ingramcontent.com/pod-product-compliance
Lightning Source LLC
Chambersburg PA
CBHW050653170426
43200CB00008B/1267